Desaguamento, Espessamento e Filtragem

volume 2

Teoria e Prática do
Tratamento de Minérios

Arthur Pinto Chaves
e colaboradores

Desaguamento, Espessamento e Filtragem

volume 2

4ª edição
revista e ampliada

oficina de textos

Copyright © 2013 Oficina de Textos

Grafia atualizada conforme o Acordo Ortográfico da Língua Portuguesa de 1990, em vigor no Brasil a partir de 2009.

Conselho editorial Cylon Gonçalves da Silva; Doris C. C. K. Kowaltowski; José Galizia Tundisi; Luis Enrique Sánchez; Paulo Helene; Rozely Ferreira dos Santos; Teresa Gallotti Florenzano

Capa Malu Vallim
Diagramação Casa Editorial Maluhy & Co.
Projeto gráfico Douglas da Rocha Yoshida
Preparação de texto Gerson Silva
Revisão de texto Elisa Andrade Buzzo

Dados Internacionais de Catalogação na Publicação (CIP)
(Câmara Brasileira do Livro, SP, Brasil)

Chaves, Arthur Pinto
  Desaguamento, espessamento e filtragem / Arthur Pinto Chaves e colaboradores. -- 4. ed. rev. e aprimorada. -- São Paulo : Oficina de Textos, 2013. -- (Coleção teoria e prática do tratamento de minérios ; v. 2)

  ISBN 978-85-7975-072-4

  1. Engenharia de minas 2. Minérios - Tratamento 3. Processamento mineral I. Título. II. Série.

13-03669   CDD-622.7

Índices para catálogo sistemático:
1. Minérios : Tratamento : Engenharia de minas 622.7
2. Tratamento de minérios : Engenharia de minas 622.7

Todos os direitos reservados à **Editora Oficina de Textos**
Rua Cubatão, 959
CEP 04013-043   São Paulo SP
tel. (11) 3085-7933   (11) 3083-0849
www.ofitexto.com.br   atend@ofitexto.com.br

Sumário

1 **Desaguamento mecânico** 7
   1.1   Métodos gerais 8
   Exercícios resolvidos 33
   Referências bibliográficas 53

2 **Espessamento** 54
   Arthur Pinto Chaves, Antonio Heleno de Oliveira,
   Ricardo A. C. Cordeiro e Ricardo Chiappa

   2.1   Descrição do equipamento 54
   2.2   Equipamentos semelhantes 65
   2.3   Mecanismos do espessamento 66
   2.4   Tratamento teórico 75
   2.5   Dimensionamento de espessadores 87
   2.6   Considerações de projeto 112
   2.7   Prática operacional 118
   2.8   Novos espessadores 124
   Exercícios resolvidos 137
   Referências bibliográficas 158

3 **Filtragem** 161
   3.1   Definições 161
   3.2   Descrição dos sistemas 163
   3.3   Descrição dos equipamentos 167
   3.4   Mecanismo de filtragem 182
   3.5   Meios filtrantes 183
   3.6   Dimensionamento de filtros 190
   3.7   Projeto de instalações de filtragem 199

6 Teoria e Prática do Tratamento de Minérios – Desaguamento, espessamento e filtragem

Exercícios resolvidos 204
Referências bibliográficas 215

4 REAGENTES AUXILIARES 216
Arthur Pinto Chaves e Laurindo de Salles Leal Filho

    4.1   Floculantes e coagulantes 216
    4.2   Produtos químicos utilizados como floculantes 221
    4.3   Auxiliares de filtragem 224
    4.4   Preparação, dosagem e adição de reagentes 225
    Referências bibliográficas 229

5 ASPECTOS TEÓRICOS DE FILTRAGEM E DESAGUAMENTO 230
Laurindo de Salles Leal Filho, Arthur Pinto Chaves
e Luís Gustavo Esteves Pereira

    5.1   Aspectos fluidodinâmicos 233
    5.2   Fenômenos de superfície 235
    5.3   Ação dos produtos químicos 236
    Referências bibliográficas 240

Desaguamento mecânico   1

O objetivo das operações de desaguamento é reduzir a umidade de produtos de outras operações unitárias de Tratamento de Minérios, para a sua utilização final (venda) ou para atingir as condições exigidas pelas operações unitárias subsequentes. É o caso, por exemplo, do adensamento de produtos de moagem em circuito fechado (*overflows* de classificadores espirais) antes do condicionamento ou do adensamento da alimentação de filtros.

Vários equipamentos são utilizados para essa operação: peneiras vibratórias horizontais, peneiras DSM, classificadores espirais, cones desaguadores, ciclones desaguadores, pilhas e silos de drenagem. As centrífugas, embora de uso frequente na indústria química, são praticamente restritas às indústrias do carvão e do caulim. Os equipamentos mais extensamente utilizados são os espessadores e os filtros a vácuo, que merecerão, por isso, uma atenção especial.

Essas operações também são muito utilizadas na indústria química e na metalurgia extrativa, nas quais, em geral, o produto de interesse é a fase líquida, ao contrário da indústria mineral, na qual o interesse está sempre centrado na fase sólida.

É importante distinguir claramente, desde já, desaguamento e secagem. No desaguamento, apenas métodos mecânicos são utilizados, e resta sempre alguma umidade residual no minério ou concentrado, ao passo que, na secagem, utiliza-se o calor, e o objetivo é umidade final zero ou próxima disso. Porém, o desaguamento é sempre muito mais barato que a secagem.

Os métodos de separação sólido-líquido – ou, no nosso caso específico, de desaguamento – podem ser classificados de duas formas:
1. pelo movimento relativo das fases: o sólido move-se através do líquido em repouso, o que se denomina decantação, cujo exemplo

mais marcante é o espessamento; ou o líquido move-se através de uma fase sólida estacionária, como ocorre na filtragem ou na drenagem em pilhas ou silos, ou ainda, em peneiras;

2 pela utilização de forças auxiliares à separação: gravitacionais, centrífugas, de pressão ou vácuo.

As definições de umidade e porcentagem de sólidos, bem como os conceitos de balanços de massas e de água, são considerados básicos e fundamentais para o entendimento dos assuntos aqui expostos. Eles são apresentados no capítulo "Noções básicas" do primeiro volume desta série, que deve ser consultado em caso de dúvida. Vale lembrar que, aqui, usaremos sempre a umidade calculada em base seca.

1.1 Métodos gerais

1.1.1 Ciclones desaguadores

Os ciclones desaguadores são os mesmos ciclones utilizados para a operação de classificação. O controle do desaguamento é feito pela regulagem do *apex*, que, ao contrário da prática do regime de classificação, deve estar estrangulado.

As condições que regem o funcionamento do ciclone fazem com que as partículas sólidas que se dirigem ao *underflow* só possam sair pela abertura inferior, o *apex*. Em razão de sua massa individual relativamente elevada, é impossível para essas partículas serem arrastadas pelo vórtice ascendente e saírem pelo *overflow*.

Para obter o desaguamento, o que se faz é estrangular esse orifício: as partículas sólidas continuam saindo por ele, mas como a seção do orifício foi reduzida, o mesmo ocorreu com a capacidade de vazão através dele. Como as partículas só podem sair por aí, parte da água já não pode passar e tem de sair pelo *overflow*. Para que a mudança na relação de diâmetros (d_o/d_u) não afete a partição, procura-se trabalhar em pressões inferiores àquelas necessárias para uma boa classificação (a velocidade do vórtice ascendente – e, consequentemente, a sua capacidade de arrastar partículas maiores – é função direta da pressão de alimentação no ciclone).

Uma boa operação de desaguamento exige que a descarga do *underflow* seja do tipo cordão, como mostrado na Fig. 1.1A, ao contrário da descarga tipo *spray* (típica da classificação), mostrada na Fig. 1.1B. Ao se passar da descarga tipo cordão para a descarga tipo *spray*, deixa de ocorrer o desaguamento, e o processo passa a ser de classificação.

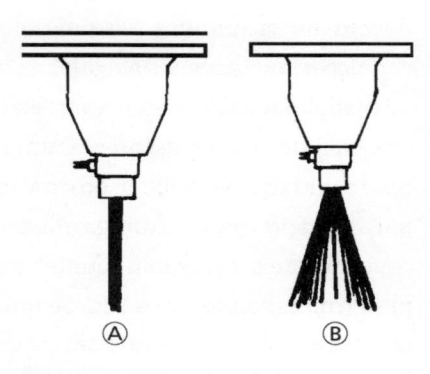

Fig. 1.1 Descarga de ciclones

A prática operacional do desaguamento em ciclones conta, então, com os recursos de baixar a pressão da alimentação e de reduzir o diâmetro do *apex*. Para essa última ação, três mecanismos são adotados:

1 inserções dentro do orifício do *apex*, com o diâmetro adequado, como é feito com os ciclones fornecidos pela AKW (Fig. 1.2);
2 dispositivos de regulagem do diâmetro do *apex* mediante ar comprimido, como é feito pelos ciclones Krebs (Fig. 1.3).
3 *apexes* de borracha, apertáveis por braçadeiras.

Todos os dispositivos, porém, exigem supervisão constante e manutenção periódica, pois o desgaste do *apex* é intenso. Os operadores

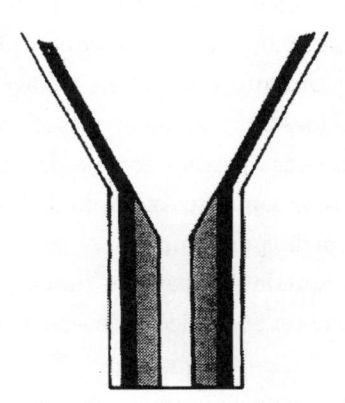

Fig. 1.2 Inserções no apex do ciclone

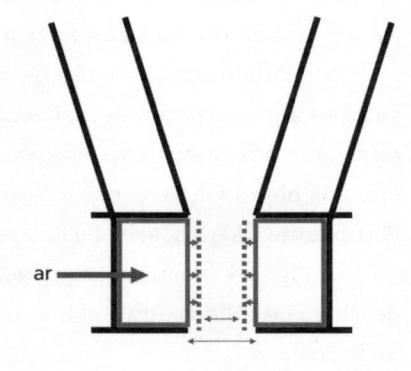

Fig. 1.3 Regulagem pneumática do diâmetro do apex

devem ser orientados e, se necessário, disciplinados para manter as condições operacionais exigidas. A Vale, em Vitória (ES), utiliza gabaritos de madeira torneada para a verificação periódica do diâmetro dos *apexes* dos ciclones desaguadores. É uma prática inteligente, que tivemos a oportunidade de aplicar em pré-operação de novas unidades e em partidas após paradas programadas.

Ciclones deságuam muito bem até diluições de 75% de sólidos em peso (correspondentes a 33% de umidade, base seca) e como preparação para operações subsequentes de condicionamento, separação magnética, espessamento ou filtragem. Eles não competem com espessadores, mas podem somar-se a estes. Um bom exemplo de operação conjunta pode ser encontrado na Vale Fertilizantes (antiga Fosfértil), em Tapira (MG), onde o concentrado fosfático, obtido por flotação, é remoído em circuito fechado com ciclones. Para atender às condições do transporte por mineroduto, o *overflow* do circuito fechado de moagem deve ser adensado a 61% de sólidos. Isso é feito numa bateria de ciclones, cujo *underflow* é alimentado diretamente aos tanques de homogeneização da alimentação do mineroduto, enquanto o *overflow* dos ciclones é espessado em espessador e misturado ao *underflow* dos ciclones nos referidos tanques. Atuando dessa forma, o espessador é aliviado em termos de vazão, pois parte da alimentação é retirada no *underflow* do ciclone. Ademais, o espessador passa a receber uma alimentação mais diluída (o *overflow* do ciclone), o que é muito bom para a sua operação.

Em qualquer operação de desaguamento em ciclones, haverá sempre alguma perda de partículas sólidas no *overflow*. Por isso, sua aplicação fica restrita aos casos em que essa perda não seja prejudicial aos objetivos do processo ou quando, como no exemplo da Vale Fertilizantes, seja possível a sua recuperação posterior.

A Fig. 1.4 mostra a regulagem adequada do *apex*, em função de descarga de sólidos através dele, para se obter as diluições desejadas no *underflow*.

Muito frequentemente, os ciclones de desaguamento trabalham ao tempo. Aparentemente isso é prejudicial aos ciclones de poliuretano:

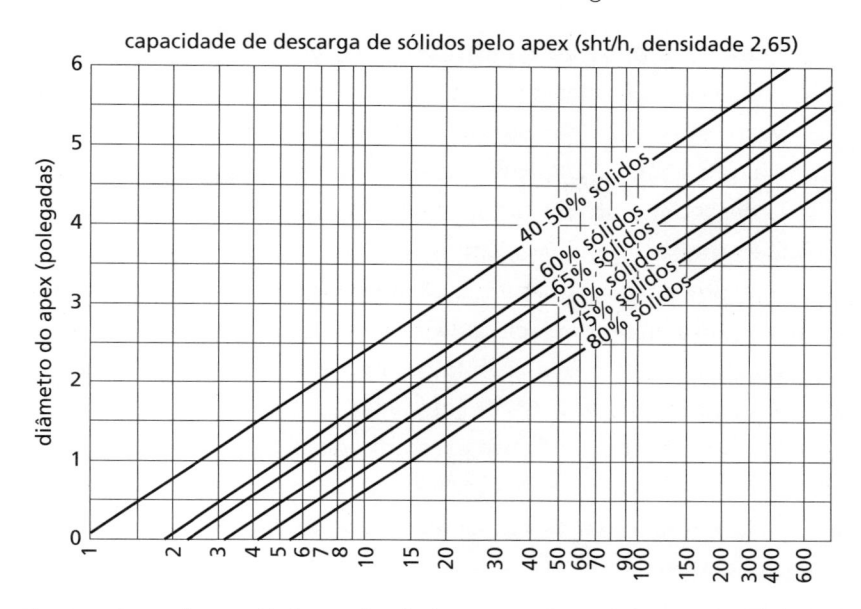

Fig. 1.4 Curvas de capacidade aproximada dos apexes – para sólidos com densidade 2,65

eles trincam quando expostos à luz solar (além de "melarem" quando ficam muito tempo sem uso). Uma observação de campo interessante é a de que, nessas condições, eles trincam com facilidade e, mais ainda, que a trinca começa sempre na logomarca estampada no ciclone (Elias Silva, CVRD Mariana – MG, comunicação pessoal).

1.1.2 Classificador espiral

O sucesso dos ciclones como equipamentos de classificação e desaguamento tem feito os classificadores mecânicos (espiral, de rastelo, de arraste e tambor Hardinge) perderem espaço para eles. Isso é lamentável, pois esses equipamentos têm características vantajosas em muitas aplicações. Em instalações de pequeno e médio porte, em particular, ainda são muito utilizados. No Brasil, o classificador espiral (também referido na literatura como Akins) é o modelo de uso mais difundido, merecendo destaque nas usinas de grande porte da indústria de beneficiamento de minério de ferro, que tiram proveito da diferença de densidade entre hematita e minerais de ganga para obter, concomitantemente à classificação, o adensamento e o enriquecimento em ferro, muitas vezes suficiente para fornecer um *sinter feed* acabado (Andery; Chaves; Póvoa, 1973; Paulo Abib, 1978).

O desaguamento no classificador mecânico ocorre porque o *underflow* é arrastado ao longo do fundo do classificador e, quando sai do banho e começa a subir a calha, permite que parte da água contida escorra calha abaixo com facilidade (o *underflow* está deslamado). Dessa forma, consegue-se descarregá-lo com uma porcentagem de sólidos entre 65% e 85% (54% e 17,6% de umidade).

Trata-se, portanto, de um excelente desaguador, de baixo custo operacional, e que, em certos ramos, como no de areia para construção civil, tem uso extensivo. Nessa aplicação, fornece ainda a areia deslamada ("areia lavada"), o que é uma vantagem adicional para o consumidor final.

No caso específico do desaguamento, a exemplo dos ciclones, não se pode pretender uma boa classificação. Para diminuir a perda de finos no *overflow*, utiliza-se a imersão máxima da rosca (150%), o que ainda traz a vantagem de aumentar a área de classificação (*pool area*).

Os fabricantes fornecem modelos mais longos que o padrão, que propiciam um percurso maior para o *underflow* e, consequentemente, melhor desaguamento. Para o desaguamento, é de toda a conveniência trabalhar com a máxima inclinação do classificador, 3/4"/ft (31%). Em alguns portos de areia, utilizam-se jatos d'água para lavar o *underflow* e reduzir ainda mais o conteúdo de lamas da areia lavada. Isso pode parecer um paradoxo – jogar água para aumentar a retirada de água –, mas funciona, principalmente porque diminui o arraste das lamas, que são as principais portadoras de umidade no minério.

1.1.3 Dimensionamento de classificadores espiral

Regime de classificação

O dimensionamento de classificadores para desaguamento é feito pela capacidade de transporte de *overflow*. As Tabs. 1.1, 1.2 e 1.3, bem como a Fig. 1.5, foram adaptadas pelo Prof. Dr. J. Renato B. Lima a partir dos dados de catálogo de um dos fornecedores de classificadores (Denver, s.d.). Diferentes fabricantes costumam fornecer capacidades diferentes para equipamentos de mesmo

Tab. 1.1 CAPACIDADE DE TRANSBORDO DE OVERFLOW, DIÂMETRO DE CORTE E PORCENTAGEM DE SÓLIDOS NO OVERFLOW PARA CLASSIFICADORES ESPIRAIS

d_{95} (malhas Tyler)	d_{95} (μm)	Capacidade de transbordo (t/h)/ft²	% sólidos no overflow
20	833	0,408	45
28	589	0,358	40
35	417	0,327	35
48	295	0,279	32
65	208	0,237	30
100	147	0,175	20
150	105	0,115	18
200	74	0,075	15

Tab. 1.2 CAPACIDADE DE TRANSBORDO DO *overflow*

Diâmetro da espiral (")	Tipo de tanque	POOL ÁREA (ft²)		
		Modelo 100 20 –65# 1/4"/ft	Modelo 125 35 –150# 1/2"/ft	Modelo 150 65 –325# 3/4"/ft
24	reto (*straight* - ST)	14,1	19,3	25,0
	médio – MF	15,7	22,4	30,0
	largo – FF	17,4	25,9	35,9
30	ST	21,4	29,1	38,0
	MF	23,9	34,5	45,4
	FF	26,8	40,0	55,4
36	ST	30,4	41,6	54,4
	MF	34,0	48,8	66,2
	FF	38,1	57,1	79,7

Tab. 1.2 CAPACIDADE DE TRANSBORDO DO *overflow* (CONT.)

Diâmetro da espiral (")	Tipo de tanque	POOL ÁREA (ft^2)		
		Modelo 100 20 -65# 1/4"/ft	Modelo 125 35 -150# 1/2"/ft	Modelo 150 65 -325# 3/4"/ft
42	ST	41,6	56,5	73,7
	MF	46,6	66,4	89,8
	FF	52,3	78,0	108,4
48	ST	53,5	72,9	95,0
	MF	60,1	86,0	116,2
	FF	67,6	101,2	140,8
54	ST	67,0	91,2	119,7
	MF	75,4	107,9	146,7
	FF	85,1	126,9	177,9
60	ST	83,4	113,3	147,7
	MF	93,6	133,8	180,8
	FF	105,6	157,8	218,8
66	ST	100,3	136,5	177,7
	MF	112,9	161,5	218,4
	FF	127,4	190,4	265,6
72	ST	118,4	161,5	209,8
	MF	133,4	191,4	257,9
	FF	151,0	225,2	313,2
78	ST	138,5	188,4	245,2
	MF	156,3	224,3	302,2
	FF	176,9	264,6	367,8
84	ST	160,2	217,6	283,4
	MF	181,4	259,0	350,1
	FF	205,5	306,7	426,6

tamanho e função (p. ex., do passo das espirais). A Fig. 1.6, por exemplo, fornece os mesmos valores da Tab. 1.2. O fabricante (Wemco) informa que ela foi construída a partir de classificadores operando em circuito fechado, *com 400% de carga circulante*.

Para quaisquer outras condições, a capacidade de transbordo de *overflow* deve considerar o multiplicador apresentado na Tab. 1.4. Classificador duplex tem o dobro da área mostrada na Tab. 1.2, na qual todos os valores fornecidos se referem a material com densidade 2,65. Para materiais diferentes, deve-se usar a correção de capacidade fornecida pela Fig. 1.5.

O classificador espiral precisa também ter capacidade para transportar o *underflow* calha acima. As capacidades de transporte de uma rosca são fornecidas pela Tab. 1.3.

Há que se prestar muita atenção aos limites de rotação de cada modelo (Tab. 1.3). O limite superior é definido pela velocidade periférica da extremidade da espiral e pelo consequente desgaste abrasivo: quanto maior o diâmetro da espiral, menor a rotação máxima permitida. O limite inferior é uma limitação mecânica do equipamento: as reduções

Tab. 1.3 CAPACIDADE DE ARRASTE DE *underflow* (UMA ESPIRAL POR EIXO = SP = *single pitch*)

Diâmetro da espiral (")	Capacidade (t/h)/rpm/espiral	Faixa de rotação (rpm)	Potência (HP) (modelo SP)*
24	1,0	6 – 16	2
30	1,7	5 – 13	2
36	3,5	4 – 11	3
42	4,8	3,5 – 9	3
48	8,7	3,2 – 8	5
54	10,5	2,9 – 7	5
60	17,3	2,6 – 6,5	7,5
66	20,3	2,3 – 6	7,5
72	27,8	2,1 – 5,3	10
78	31,5	2 – 5	10
84	37,5	1,8 – 4,5	10

* Os fabricantes oferecem também 2 ou 3 roscas por eixo (DP e TP). A capacidade de arraste fica multiplicada por 2 ou 3 e, para TP, a potência deve ser multiplicada por 1,5.

Fonte: Denver (s.d.).

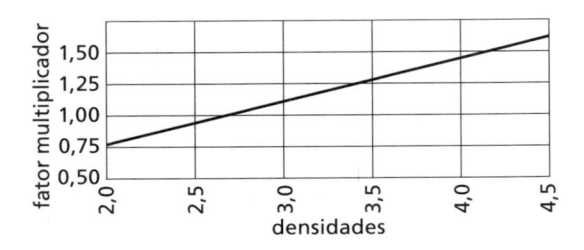

Fig. 1.5 Correção das capacidades

Tab. 1.4 Multiplicador de capacidade de transbordo de overflow de classificadores espirais

Circuito	Carga circulante (%)	Multiplicador
Fechado	400	1,0
Fechado	300	1,25
Fechado	200	1,67
Fechado	100	2,5
Aberto	0	4 (aprox.)

Fonte: Wemco (s.d.).

em classificadores espirais são extremas, obtidas com a utilização conjunta de correias em V, redutores e coroa e pinhão, e o valor apresentado na tabela é o que se conseguiu ao fim do projeto mecânico.

Regime de corrente

Esse mecanismo é descrito com o auxílio da Fig. 1.7, que mostra a descarga de *overflow* de um classificador espiral *straight*, cuja largura é B. Sobre o vertedouro forma-se uma lâmina d'água de altura H. As partículas sólidas que afundarem mais que H não transbordarão, e descarregarão pelo *underflow*. Portanto, a condição limite para sair pelo *overflow* é não afundar antes de chegar à borda.

Seja R o percurso que a partícula percorre na horizontal, do ponto de alimentação ao *overflow*. Seja r a velocidade horizontal do fluxo de *overflow* e v, a velocidade com que a partícula está afundando na polpa:

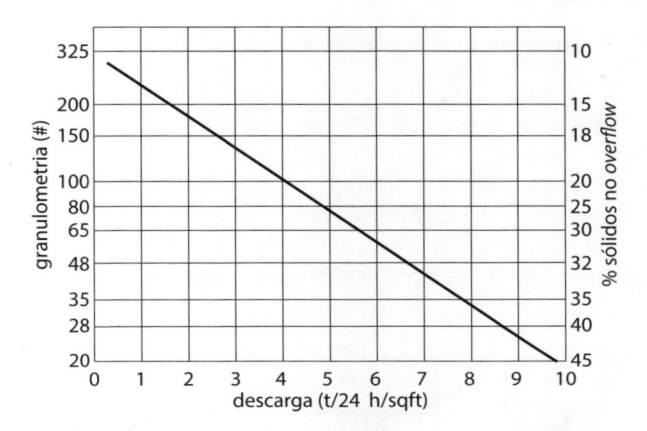

Fig. 1.6 Capacidade de transbordo do *overflow*
Fonte: Wemco (s.d.).

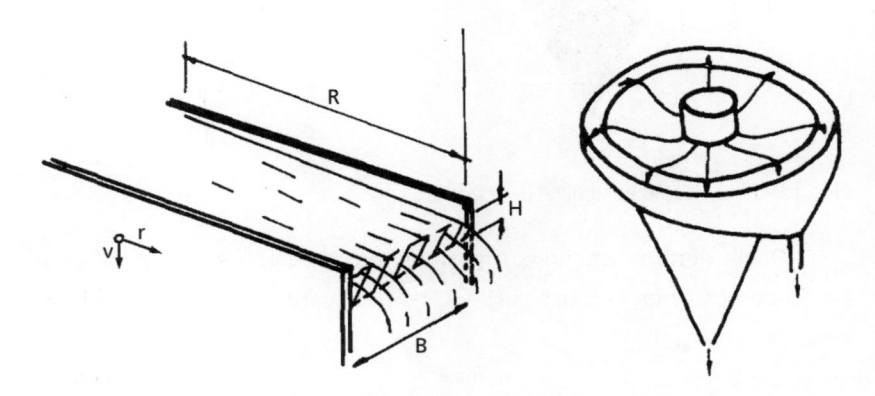

Fig. 1.7 Classificação em regime de corrente

$$\frac{v}{H} = \frac{r}{R} \Rightarrow v = \frac{rH}{R} \quad (1.1)$$

Qualquer velocidade de um fluido é igual ao quociente da sua vazão (m³/h) pela seção que ele atravessa (m²). No caso, chamando a vazão de Q, e sendo a seção atravessada pela lâmina d'água B.H, podemos escrever que:

$$r = \frac{Q}{B \cdot H} \quad (1.2)$$

Ao substituir-se r na equação anterior:

$$v = \frac{Q \cdot H}{R \cdot B \cdot H} = \frac{Q}{R \cdot B} = \frac{Q}{\text{área do pool}} \qquad (1.3)$$

De onde:

$$\text{área do pool} = \frac{Q}{v} \qquad (1.4)$$

A área do pool é BR no classificador espiral e $\pi D^2/4$ no cone (ver Fig. 1.8).

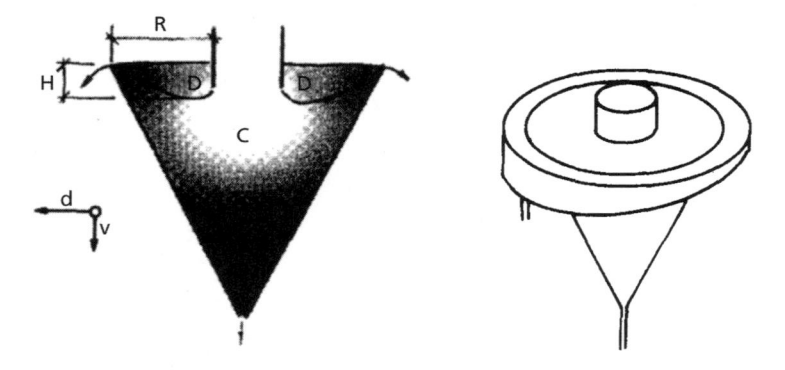

Fig. 1.8 Classificação em regime de corrente

Outra demonstração compara os tempos necessários para a partícula percorrer os percursos H e R, respectivamente com velocidades v e r:

$$t_v = \frac{H}{v} \qquad (1.5)$$

$$t_h = \frac{R}{r} \qquad (1.6)$$

$$t_v = t_h = \frac{H}{v} = \frac{R}{r} \Rightarrow v = \frac{H \cdot r}{R} \qquad (1.7)$$

Sendo $r = \frac{Q}{B \cdot H}$, tem-se:

$$v = \frac{H \cdot Q}{R \cdot B \cdot H} = \frac{Q}{\text{área do pool}} \qquad (1.8)$$

Por exemplo: precisamos adensar um minério com 5% $-25\,\mu m$ e 15% $-40\,\mu m$. Se optarmos por um d_{95} de $40\,\mu m$, perderemos (idealmente) 15% da massa, mas teremos um adensamento mais rápido e um equipamento menor do que no caso de termos optado por um d_{95} de 25 μm, em que perderíamos apenas 5% da massa.

O dimensionamento consiste, então, em escolher uma malha de classificação suficientemente fina para que as perdas não prejudiquem a recuperação do minério. Para altas diluições – na prática, até 5% de sólidos –, a lei de Stokes pode ser aplicada com razoável precisão. Já nas condições reais, a velocidade de sedimentação (v) de uma partícula é função não só do diâmetro dessa partícula, mas também da viscosidade da polpa (presença de argilominerais) e da sua densidade, e é afetada pela temperatura e pelas porcentagens de sólidos. Não existem expressões matemáticas suficientemente precisas para traduzir o fenômeno. Esse compromisso é mostrado em ábacos como o da Fig. 1.9.

Para a utilização desse ábaco, entra-se com o diâmetro de corte desejado (d_{95}) na linha horizontal, até cruzar a curva da porcentagem de sólidos com que se está trabalhando. A vertical que passa por esse ponto dá a velocidade de sedimentação nessas condições. Isso vale para

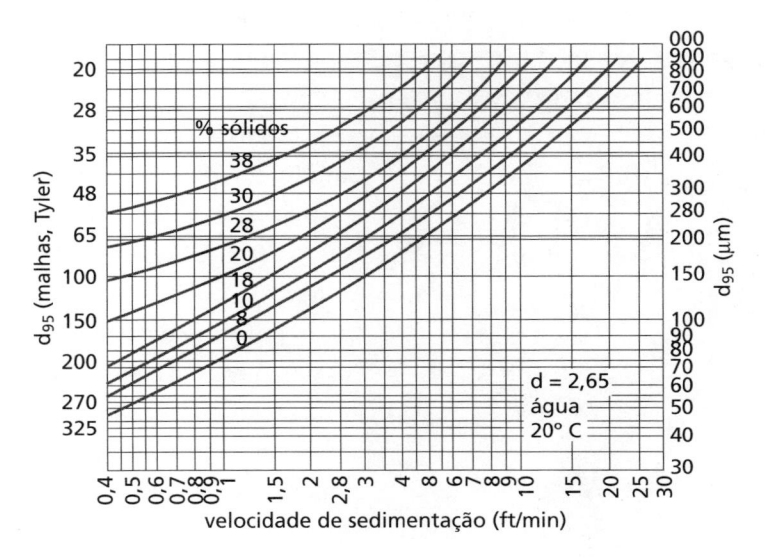

Fig. 1.9 Velocidade de sedimentação
Fonte: Denver (s.d.).

20°C e materiais de densidade 2,65. Para outras temperaturas (com a temperatura variará a viscosidade da polpa) e densidades, devem-se fazer as correções correspondentes. A correção da viscosidade é o inverso do quociente entre os dois valores, que podem ser encontrados nos manuais de Hidráulica, e a correção da densidade é:

$$\frac{(\rho_{s1} - \rho_{p1})}{(\rho_{s2} - \rho_{p2})} \quad (1.9)$$

onde ρ_s é a densidade real dos sólidos 1 e 2; e ρ_p é a densidade de polpa do *overflow*.

1.1.4 Cone desaguador

O cone desaguador é um equipamento que teve extensa aplicação no início do século XX e depois foi esquecido, muito provavelmente pela pressão dos fornecedores de equipamentos alternativos. É uma pena, pois ele funciona muito bem e pode ser facilmente construído em qualquer oficina de caldeiraria que tenha uma calandra de tamanho suficiente. É, portanto, uma excelente solução de urgência ou emergência para o engenheiro tratamentista que precisa desaguar uma polpa e não tem outro equipamento nem tempo para esperar pela sua aquisição.

Os textos antigos (Richards, Gaudin e Taggart) descrevem os equipamentos mostrados nas Figs. 1.10 e 1.11 (cones Allen e Caldecott), cujo ângulo do *apex* varia conforme o corte desejado: 60° para grossos e 40° para finos, em função da escoabilidade do *underflow*. O princípio de funcionamento desses cones é o mesmo dos classificadores de corrente – não confundir com o regime de classificação por classificação.

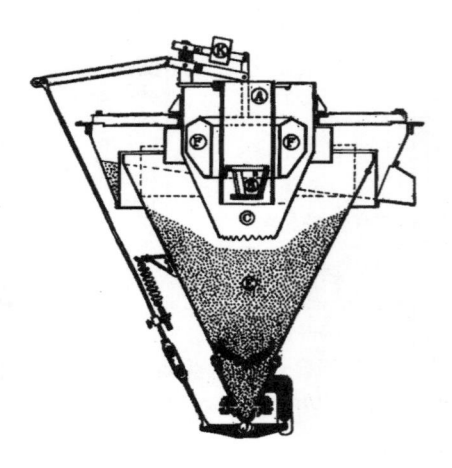

Fig. 1.10 Cone Allen

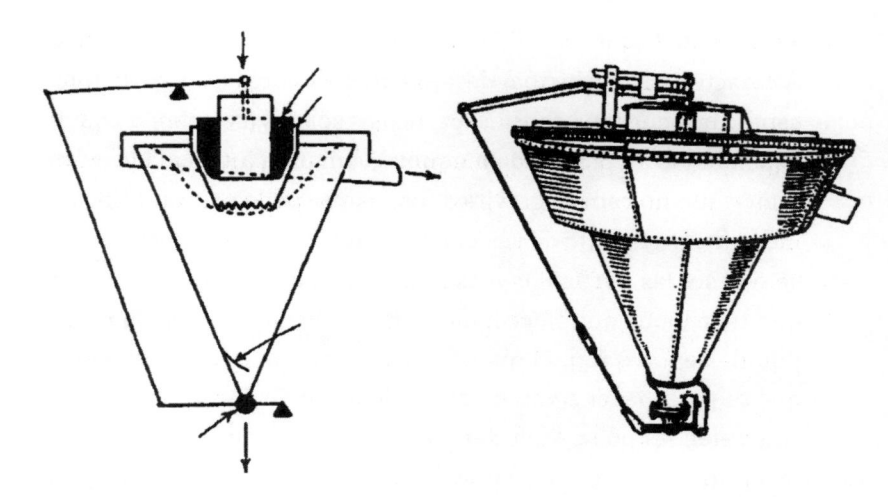

Fig. 1.11 Cone Caldecott

O Nacional Coal Board inglês desenvolveu, no início da década de 1980, um cone para uso específico com carvão, que diz ser muito eficiente. A Fig. 1.12 ilustra esse equipamento, com descarga tão adensada que pode ser manuseada por transportador de correia. Keane (1979) já comentava que, para determinados materiais, especialmente argilas, esse tipo de equipamento deve ser vantajoso, pois a densidade final atingida pelo seu *underflow* é função da pressão hidrostática aplicada.

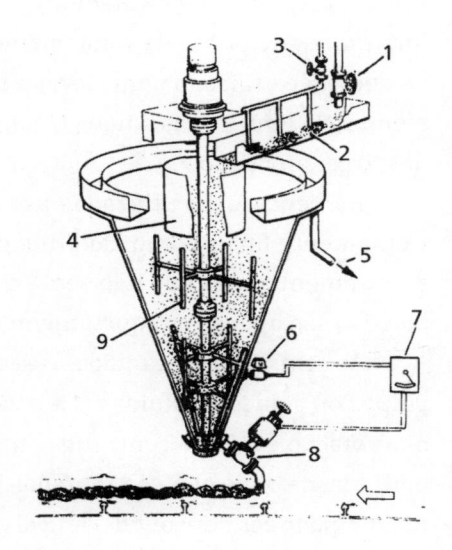

Fig. 1.12 Cone NCB

O formato desse equipamento deve, portanto, ajudar, desde que os sólidos estejam floculados. Trata-se da aplicação do mecanismo de sedimentação por fase, que deu origem aos espessadores de pasta e que será estudado adiante.

1.1.5 Centrífugas

A característica principal desses equipamentos é o uso da força centrífuga, que atua sobre as partículas sólidas (ou sobre o líquido, dependendo do projeto da máquina) com uma intensidade muito maior que no campo gravitacional, e que pode ser multiplicada mediante o aumento da velocidade de rotação. Tudo se passa como se o peso das partículas fosse multiplicado por um fator maior que 1, de modo que a decantação das partículas no seio da massa líquida seja tão rápida quanto se desejar, ou, alternativamente, que se possa fazer sedimentar partículas mais finas.

As operações podem ser descontínuas, semicontínuas ou contínuas. No primeiro caso, carga e descarga são feitas com a centrífuga parada; no segundo, a operação ainda é feita por bateladas, mas já não é mais necessário parar a máquina para carregá-la e descarregá-la. Isso é importante do ponto de vista operacional, porque o grande consumo de energia é utilizado para elevar a rotação da máquina até o valor de regime. No terceiro caso, naturalmente, como a operação é contínua, a descarga também o é.

Há centrífugas utilizadas para a classificação de partículas extremamente finas, como caulim para papel, que fazem também um adensamento, mas que não serão consideradas aqui, visto que nosso objetivo são apenas os equipamentos puramente desaguadores.

As centrífugas decantadoras são usadas para clarificar ou espessar polpas ou soluções diluídas (1% a 2% de sólidos). Um tambor gira em alta rotação e a força centrífuga empurra as partículas sólidas para a periferia, de onde elas são retiradas por meio de raspadores. O eixo do tambor pode ser horizontal, vertical ou inclinado, e a operação pode ser contínua ou semicontínua.

As centrífugas filtrantes têm o tambor substituído por uma cesta de tela metálica ou placa perfurada, e ela é revestida com tela de tecido fino, de modo que a água a atravessa e é descarregada como passante pela tela, enquanto os sólidos são retidos, formando uma torta (Fig. 1.13). Tal centrífuga funciona então, na realidade, como um filtro em que o vácuo ou a pressão tenha sido substituído pela força centrífuga. A descarga da torta pode ser contínua ou descontínua, e feita por raspadores ou mediante a aplicação de um movimento rítmico ao cesto, que faz com que a torta se movimente e seja descarregada (Fig. 1.13).

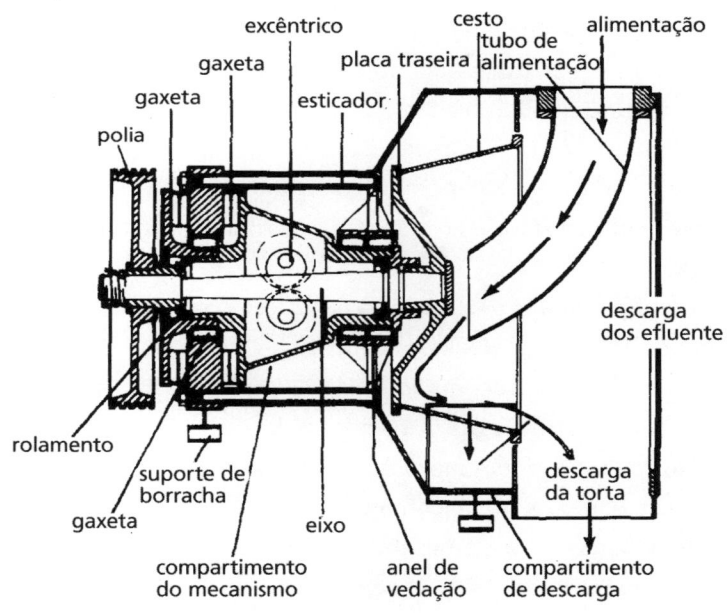

Fig. 1.13 Centrífuga
Fonte: Sandy e Matoney (1979).

O consumo de energia é máximo quando a centrífuga está acelerando, e diminui consideravelmente quando a operação está em regime, porque, nessa situação, é necessário apenas vencer as perdas da máquina por atrito. A energia necessária para acelerar uma centrífuga de raio r, do repouso à rotação N, pode ser calculada pela expressão:

$$P = 1{,}341 \cdot 10^{-3} \cdot m \cdot r^2 \cdot (2 \cdot \pi \cdot N/60)^2 \cdot (1/t) \qquad \textbf{(1.10)}$$

ou

$$P = 1{,}47 \cdot 10^{-5} \cdot m \cdot (\pi \cdot N)^2 / t \qquad \textbf{(1.11)}$$

onde:

P = potência (HP);

m = massa total (kg) (centrífuga + carga);

r = raio de giração (m);

N = rpm;

T = tempo de aceleração (s).

As centrífugas utilizadas no desaguamento de carvão são contínuas e do tipo de eixo horizontal. A Fig. 1.13 mostra um esquema do equipamento fornecido pela antiga Wemco: a cesta é de aço inox, usinada com precisão e balanceada. Existe um dispositivo que transmite um movimento vibratório ao eixo e faz a torta caminhar em direção à descarga.

Os equipamentos destinados à utilização com carvão manuseiam material de 100# a 1/4". Existem centrífugas de projeto especial (solid bowl) capazes de manusear materiais de 325# a 3/8". A Tab. 1.5 fornece as capacidades das centrífugas fornecidas pela antiga McNally. Esse fabricante informa ter obtido remoções de 75% da umidade inicial mediante o uso do seu equipamento e comenta que a capacidade de remoção da umidade depende, fundamentalmente, da análise granulométrica do material, sobretudo da quantidade de −28# (para carvão).

Tab. 1.5 Capacidade de centrífugas para carvão

Granulometria	t/h de sólidos		Umidade superficial (%)
	A150	A250	
1½ × 1/4"	180	250	2,0-3,0
1 × 1/4"	160	220	2,5-3,5
1 ½" × 0	150	190	2,5-3,5
1" × 0	135	170	3,5-4,5
1/2" × 0	125	160	5,0-6,0
3/8" × 0	115	150	6,5-7,5
1/4" × 0	110	140	7,5-7,5

Fonte: McNally Pittsburgh (s.n.t.).

1.1.6 Peneiras

Peneiras vibratórias horizontais

Esse tipo de equipamento, também conhecido como peneira *low head*, tem uma faixa muito restrita em que funciona de maneira eficiente como peneira: 2½" a 1/8" a seco e 2½" a 48# a úmido (Faço, 1982). Fora dessa faixa, sua eficiência é muito baixa. Essa desvantagem como peneira é, porém, a causa do seu sucesso como equipamento desaguador: fora da faixa adequada, ele trabalha tão mal (como peneira), que deixa passar somente a água, mantendo todas as partículas sólidas no *oversize*.

A capacidade das peneiras horizontais no trabalho com carvão é mostrada na Tab. 1.6.

Como se vê no estudo sobre peneiras vibratórias (terceiro volume desta serie), as peneiras vibratórias inclinadas têm o recurso de orientar a vibração (circular) no sentido pró-fluxo ou no sentido contrafluxo. Nesse segundo caso, o movimento do *oversize* é dificultado e aumenta-se a eficiência de peneiramento, embora se diminua a vazão. Com peneiras horizontais não é possível fazer isso. Inverter o sentido do movimento vibratório retilíneo faria o *oversize* movimentar-se no sentido oposto.

O recurso para facilitar ou dificultar o movimento do *oversize* sobre a tela é, então, variar a inclinação da tela. Com inclinação positiva (a favor do movimento do *oversize*), aumenta a velocidade deste. Com inclinação negativa (descarga mais elevada que a alimentação), o movimento do *oversize* fica dificultado. No peneiramento, isso se traduz por maior eficiência, e no desaguamento, que é o nosso caso, por um desaguamento mais intenso.

Dessa forma, é mais correto, em vez de distinguir as peneiras em "vibratórias horizontais" e "vibratórias inclinadas", distingui-las em peneiras de "movimento circular" e "movimento retilíneo".

Portanto, a explicação dada anteriormente, a respeito do excelente desaguamento feito pelas peneiras *low head*, fica meio simplória quando se consideram as peneiras mais modernas, com frequências mais elevadas e inclinações diferentes da horizontal. A Fig. 1.14 mostra

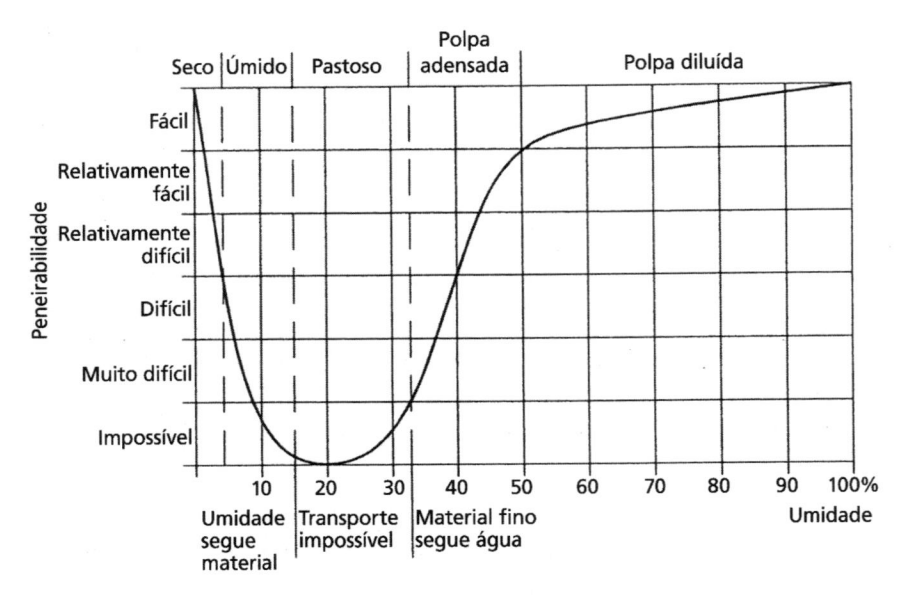

Fig. 1.14 Efeito da umidade sobre o peneiramento
Fonte: CVRD (s.n.t.).

o efeito da umidade sobre o peneiramento, e nela verifica-se que o peneiramento é possível até umidades da ordem de 4% a 5%, ou seja, com material relativamente seco, e acima de 43%, ou seja, já com polpas. Nessa faixa, que é a faixa em que trabalham as peneiras desaguadoras, a água presente nos vazios entre as partículas faz com que o leito fique coeso; as partículas ficam aderidas umas às outras e movem-se em bloco sobre a tela, não tendo liberdade individual de movimento. A agitação faz com que a água entre as partículas escorra, mas não permite que partículas individuais se movam e se apresentem às telas para serem ou não peneiradas. É claro que partículas muito finas que estão em suspensão homogênea na água acabam passando pela tela, bem como uma ou outra partícula fina que esteja por baixo do leito, mas trata-se de casos erráticos ou esporádicos, e não de peneiramento propriamente dito. Por isso é que é possível desaguar em telas de abertura muito maior que o tamanho das partículas presentes no leito, como mostra a Tab. 1.6. Acima de 43% de umidade, as partículas estão em suspensão na água, isto é, trata-se de uma polpa, e as partículas voltam a ter liberdade de comportamento individual.

Tab. 1.6 CAPACIDADE DE DESAGUAMENTO DE PENEIRAS HORIZONTAIS (EM T/H)

		Desaguando carvão bitolado a 1/4"						
A	B	C						
ft	m³/h	3/4 × 1/4	1 1/4' × 1/4"	2 × 1/4"	3 × 1/4"	4 × 1/4"	5 × 1/2"	6 × 1/2"
3	170	60	65	75	80	90	95	100
4	240	84	91	105	112	126	133	140
5	310	108	117	135	148	162	171	180
6	370	132	143	165	180	198	209	220
7	440	156	170	195	215	234	247	260
8	510	180	195	225	248	270	285	300

		Desaguando carvão bitolado a 0,5 mm						
A	B	C						
ft	m³/h	7/16 × 3/32"	3/4 × 1/4"	1 5/8 × 3/32"	2 1/4 × 1/8"	2 3/4 × 3/16"	3 1/2 × 1/4"	4 × 1/4"
3	80	45	50	60	65	70	75	80
4	110	63	70	84	91	98	105	112
5	140	81	90	100	117	126	135	148
6	170	99	110	132	143	154	165	180
7	210	117	130	156	170	182	195	215
8	240	135	150	180	195	210	225	245

		Desaguando carvão fino a 0,25 mm						
A	B	C						
ft	m³/h	1 × 0"	1/2 × 0"	3/8 × 0"	5/16 × 0"	1/4 × 0"	3/16 × 0"	3/8 × 0"
3	170	35	30	27	25	22	20	15
4	230	49	42	38	35	32	28	21
5	290	63	54	50	45	40	36	27
6	350	77	66	60	55	39	44	33
7	410	91	78	71	65	48	52	39
8	470	105	90	82	75	67	60	45

28 Teoria e Prática do Tratamento de Minérios – Desaguamento, espessamento e filtragem

Tab. 1.6 CAPACIDADE DE DESAGUAMENTO DE PENEIRAS HORIZONTAIS (EM T/H) (CONT.)

		Desaguando carvão fino a 0,5 mm						
A	B	C						
ft	m³/h	1 × 0"	1/2 × 0"	3/8 × 0"	5/16 × 0"	1/4 × 0"	1/16 × 0"	1/8 × 0"
3	60	46	42	37	35	30	27	22
4	90	65	59	52	49	42	38	32
5	110	83	76	67	63	54	50	40
6	140	102	93	83	77	66	60	49
7	160	120	110	97	91	78	71	58
8	190	139	127	113	105	90	82	67

		Desaguando carvão fino a 1 mm						
A	B	C						
ft	m³/h	1 × 0"	1/2 × 0"	3/8 × 0"	5/16 × 0"	1/4 × 0"	3/16 × 0"	1/8 × 0"
3	120	49	45	40	37	31	30	25
4	170	68	63	56	52	45	42	35
5	220	88	81	72	67	58	54	45
6	270	107	99	86	83	72	66	55
7	320	127	117	104	97	85	78	65
8	370	145	135	120	113	97	90	75

A = largura da peneira; B = vazão máxima de água admissível com a alimentação;
C = tamanho do carvão (adaptado de Sandy e Matoney, 1979)

A Fig. 1.15 mostra uma peneira Velco operando no desaguamento de areia. Nessa peneira, a elevação da descarga, como assinalado anteriormente, dificulta o movimento do *oversize*. Dessa forma, ele se acumula junto ao ponto de descarga e aumenta a espessura do leito ali. Como consequência, a inclinação do leito de *oversize* é ainda maior que a da tela, e a água escorre para trás. O resultado é que parte da água transborda pela parte traseira da peneira, aumentando o efeito de desaguamento, como mostra a Fig. 1.16.

Peneiras estacionárias

As peneiras DSM (*sieve bends*) (Fig. 1.17) são extensamente utilizadas no desaguamento de minérios e de carvão. O modelo mostrado

Fig. 1.15 Peneira Velco: desaguamento de areia

Fig. 1.16 Peneira Velco: aumento do efeito de desaguamento

na Fig. 1.17B é o de arco de 45°. Seu desempenho com polpas diluídas é muito bom. A Tab. 1.7 mostra resultados do trabalho desse modelo com carvão, em duas condições diferentes.

É muito comum o uso de peneiras estacionárias com o *deck* reto, em vez de curvado, como nas peneiras DSM. Os partidários dessa opção afirmam que o desgaste da tela é menor que no caso das peneiras curvas. A Tab. 1.8 mostra a capacidade para telas inclinadas de 60°, recebendo polpas de carvão com 25% de sólidos.

A peneira DSM é um equipamento de peneiramento, não de classificação, e é eficiente nas faixas finas. Em razão do desenho da curvatura e das barras da tela, ela efetua um corte granulométrico de tamanho aproximadamente igual à metade da abertura da tela. Isso deve ser levado em conta quando da escolha da tela para efetuar o desaguamento, pois, a exemplo do cone desaguador, sempre haverá alguma perda de sólidos finos no *undersize*.

30 Teoria e Prática do Tratamento de Minérios – Desaguamento, espessamento e filtragem

(A)

	capacidade USGPM/ft de largura	larguras padrão (ft)	faixa de aplicação (#)	aplicações típicas
45°	30-200	2, 4, 6	8-65	desaguamento, peneiramento tratamento de águas efluentes de indústrias alimentícias
50°	30-150	2, 4, 6	8-48	fosfato, potássio, sulfato de amônia desaguamento de cereais, frutas e vegetais, alumina
60°	30-200	4	8-48	minérios de ferro e cobre, areia, cimento
120°	200	2, 4, 6	100-325	lavagem de fibras de amido, recuperação de fibras, óleo de prensagem de grãos, fibras vegeais, fibras de papel, peneiramento, desaguamento de cristais
270°	200	1 1/2	100% -325#	polpas de cimento a 65% de sólidos
300°	200	213	48-325	separação de mosto, açúcar demerara e garapa, fibras de amido, remoção de fibras em tratamento de esgotos
Rapifine	0-100	2	48-325	taconita a cerca de 95% -325#

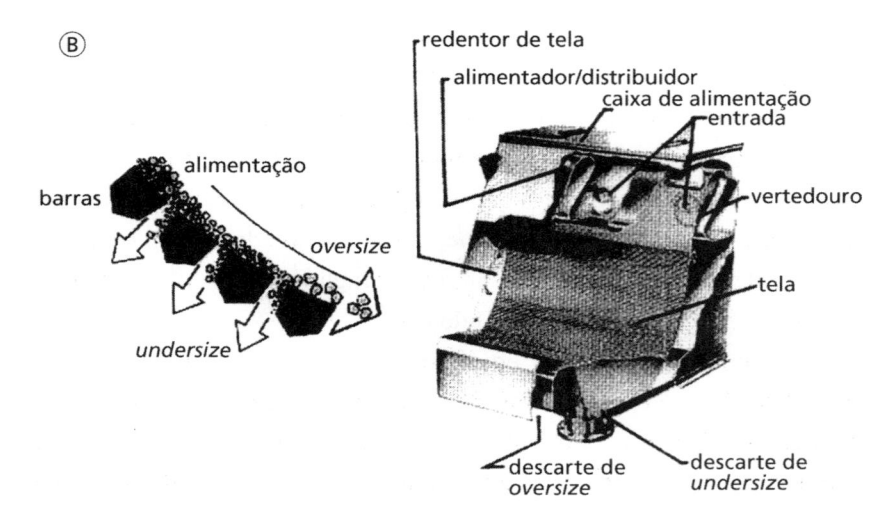

(B)

Fig. 1.17 (A) Seleção de peneiras DSM; (B) peneira DSM modelo de arco de 45°
Fonte: Dorr-Oliver (s.d.).

1 Desaguamento mecânico 31

Tab. 1.7 Capacidade de desaguamento de peneiras DSM em duas condições diferentes

Condição 1: alimentação = carvão 3/8x0", peneira de 60°, tela de 0,7 mm, capacidade de 112,5 m³/h/m de largura; separação a 0,3 mm

	Alimentação (%)	Oversize (%)	Undersize (%)
% sólidos	30,0	75,6	5,6
Partição	–	87,9	–
Alimentação: +18#	56,0	62,7	–
18x30#	17,0	19,1	–
30x70#	7,0	7,9	traços
70x100#	6,5	6,3	8,3
100x200#	4,5	1,8	26,7
200#x0	9,0	2,2	65,0

Condição 2: alimentação = carvão 1/4x0", peneira de 60°, tela de 0,5 mm, capacidade de 75 m³/h/m de largura; separação a 0,212 mm

	Alimentação (%)	Oversize (%)	Undersize (%)
% sólidos	37,7	58,9	–
Partição	100,0	62,7	–
Alimentação: +8#	3,0	5,2	–
8x18#	18,3	30,0	0,2
18x30#	25,1	35,4	9,6
30x50#	16,2	13,8	21,7
50x100#	11,6	6,0	18,7
100#x0	25,8	9,6	49,8

Fonte: Sandy e Matoney (1979).

Tab. 1.8 Capacidade de remoção de água (USGPM) de telas planas

Largura da tela (ft)	Tela									
	2 mm	10#	14#	1 mm	0,75 mm	28#	0,5 mm	48#	0,25 mm	65#	100#
2½	340	315	270	250	210	180	165	110	100	75	55
4	425	395	340	315	265	225	205	140	125	95	70
5	460	425	365	340	28,5	245	220	150	135	100	75

Fonte: Sandy e Matoney (1979).

Peneiras Derrick

Trata-se de um equipamento de projeto especial, menos conhecido no Brasil. São peneiras vibratórias longas e de grande inclinação. A tela é de elastômero especial e a abertura é ajustada pelo tracionamento que lhe é imposto. Com a vibração, a tela também vibra e os lábios da abertura se movimentam, de modo que a tela dificilmente entope.

O peneiramento pode ser a vácuo ou atmosférico, conforme a granulometria do material a ser desaguado. O resultado é muito bom.

Existe outro modelo de prateleira, em que várias peneiras são montadas umas sobre as outras, economizando a área projetada.

1.1.7 Pilhas desaguadoras

As pilhas desaguadoras são pilhas como as outras, exceto que são construídas sobre bases impermeáveis, inclinadas, que dirigem as águas drenadas para um local conveniente. Essa base é coberta com um lastro do próprio material a ser desaguado, de granulometria grosseira, para assegurar a permeabilidade e não contaminar a carga. As pilhas são eficientes quando o material a drenar é relativamente grosseiro e isento de finos que possam colmatar os poros entre as partículas e impedir a percolação da água. A retomada deve ser iniciada pelas porções superiores, sempre mais bem drenadas (Fig. 1.18).

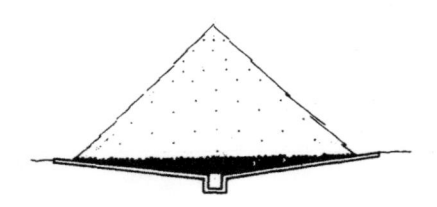

Fig. 1.18 Pilha desaguadora

Geralmente são utilizadas três pilhas: uma está sendo construída, a outra está pronta e sendo desaguada, e a terceira está desaguada e sendo retomada.

1.1.8 Silos desaguadores

O material a ser desaguado nesses equipamentos tem as mesmas limitações do material passível de desaguamento em pilhas, ou seja, granulometria grosseira (na prática, +48# = 0,3 mm) e ausência de finos. O funcionamento é análogo.

Existem vários recursos para facilitar a remoção da água percolada: paredes porosas, fundo plano com morto de granulometria grosseira, fundos em cone invertido, cheios de material grosseiro etc.

A Fig. 1.19 mostra a tremonha de um silo desaguador utilizado num porto de areia da Holanda. Ele é construído em aço carbono, com a tremonha em aço galvanizado. Na tremonha existem rasgos alongados, revestidos de tela e descarregando em meias-canas que recolhem a água drenada e a levam para uma panela, de onde ela é conduzida para o seu local de destino.

Fig. 1.19 Silo desaguador

O processo de desaguamento é muito rápido (trata-se de areia para construção civil, totalmente isenta de finos), e a água jorra abundantemente desde os primeiros instantes.

Exercícios resolvidos

> **1.1** Desaguar 90,7 t/h de sólidos em ciclones desaguadores, até 65% de sólidos. A polpa de alimentação tem 10% de sólidos. Estabelecer o balanço de água. Escolher o ápex. Densidade dos sólidos = 2,65.

Solução:

a] Resolver os balanços da seguinte operação:

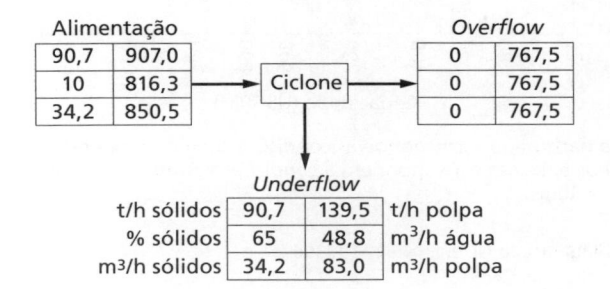

Alimentação				Overflow	
90,7	907,0			0	767,5
10	816,3	→ Ciclone →		0	767,5
34,2	850,5			0	767,5

Underflow			
t/h sólidos	90,7	139,5	t/h polpa
% sólidos	65	48,8	m³/h água
m³/h sólidos	34,2	83,0	m³/h polpa

Admitiu-se, para efeito de cálculo, que todos os sólidos saiam pelo *underflow*, o que é uma simplificação e não ocorre na prática. Porém, estamos trabalhando a favor da segurança.

b] Escolha do ciclone: usaremos os ábacos da Krebs, já apresentados no Cap. 3 do primeiro volume desta série.

$$850{,}5 \text{ m}^3/\text{h} \times 4{,}4 = 3742{,}2 \text{ USGPM}.$$

Com base na Fig. 1.20, podemos utilizar dois ciclones de 30", dois ciclones de 26", quatro ciclones de 20" ou oito ciclones de 15". Escolhemos os dois de 30". Das curvas de capacidade dos ciclones, verificamos que, com o *vortex finder* de 10", a pressão necessária para a vazão será de 7 psi. Tentando, então, o ciclone de 26", para o *vortex finder* de 12", a pressão necessária para a vazão será de 8,5 psi. Considerando agora quatro ciclones de 20", com *vortex finder* de 8¼", a pressão fica em 6,8 psi. A melhor operação parece ser a dos dois ciclones de 26".

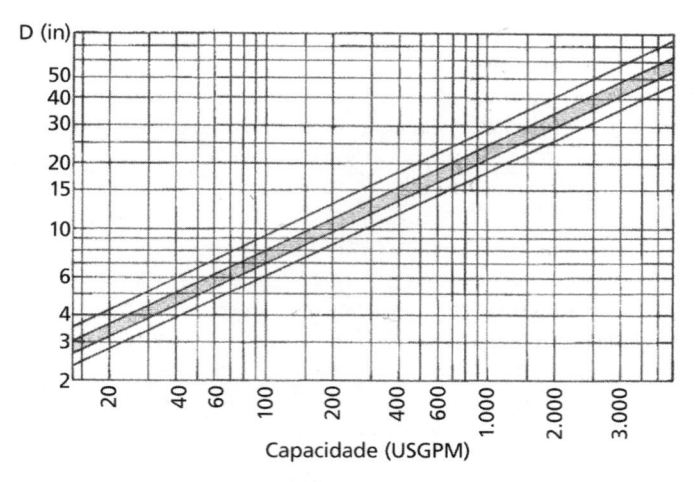

A área hachurada corresponde às condições ótimas de operação a 10 psi. As linhas externas correspondem a condições extremas, variando o *vortex finder* a 10 psi.

Fig. 1.20 Diâmetro do ciclone × capacidade

1 Desaguamento mecânico 35

Com as Figs. 1.21 e 1.22, calculamos o d_{95}, que é de 59,6 µm. Partículas menores que esse tamanho sairão, portanto, pelo *overflow*.

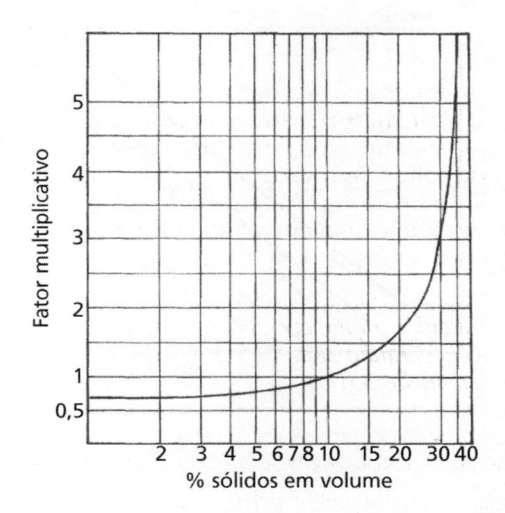

Fig. 1.21 Efeito da % de sólidos da alimentação sobre o $d95$

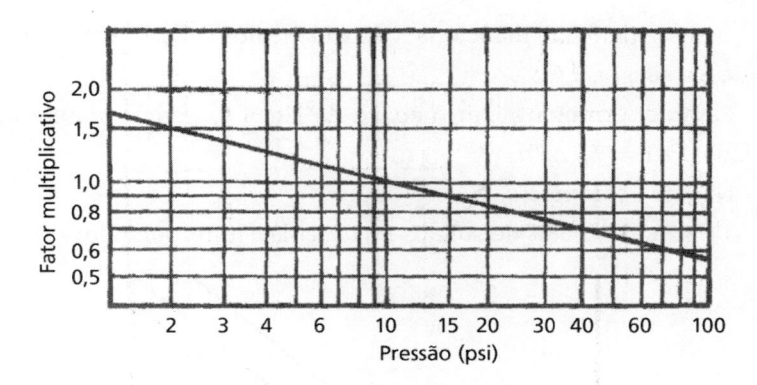

Fig. 1.22 Efeito da pressão de alimentação sobre o $d95$

c] Escolha do *apex*:

$$\frac{90{,}7\text{t/h}}{0{,}907\text{t s t}} = 100\,\text{st/h}$$

Como são dois ciclones: 50 (st/h) / *apex*.

Com base na Fig. 1.4 deste capítulo, entrando com 50 st/h e subindo até a linha de 65% de sólidos, encontramos o *apex* de 3 1/6", que é o *apex* escolhido.

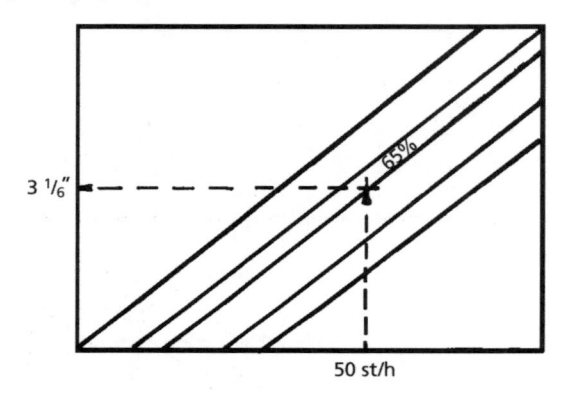

1.2 Um ciclone de 6" tem *apex* de 1". Ele deságua 7 t/h de sólidos. Qual é a porcentagem de sólidos obtida no *underflow*?

Solução:

O enunciado não menciona a densidade dos sólidos. Vamos admitir que ela seja de 2,65.

Para podermos utilizar o ábaco da Fig. 1.4, temos de acertar a unidade: 7 t/h = 7,7 st/h.

Na Fig. 1.4, temos:

1", 7,7 st/h $\Rightarrow$ 68% de sólidos no *underflow* (interpolando).

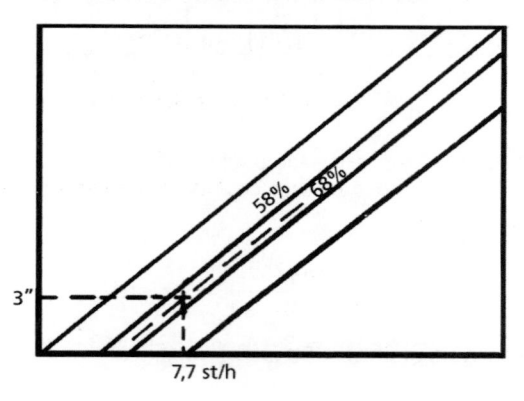

1.3 Se o *apex* do ciclone do exercício anterior desgastar-se em 1/2", o que acontece com a porcentagem de sólidos obtida no *underflow*?

Solução:

O diâmetro do *apex* passa a ser de 1½".
Na Fig. 1.4, temos:
1½", 7,7 st/h ⇒ 59% de sólidos no *underflow* (interpolando).

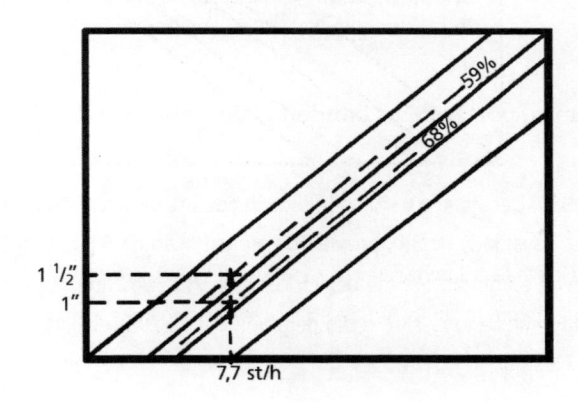

1.4 O que acontece se a estimativa de densidade do minério adotada no exercício 1.2 estiver errada e a densidade for de 4,2?

Solução:

Todos os cálculos têm de ser refeitos. O valor da vazão de sólidos no *apex* com que entraremos agora na Fig. 1.4 é:

$$(2,65/4,2) \times 7,7 = 4,9 \text{ st/h}$$

1.5 O que acontecerá com o balanço de água do exercício 1.1 quando o *apex* se desgastar em 1/3"?

Solução:

$$3\frac{1''}{6} + \frac{1''}{3} = 3\frac{1}{6} + \frac{2}{6} = 3\frac{3''}{6} = 3\frac{1''}{2}$$

38 Teoria e Prática do Tratamento de Minérios – Desaguamento, espessamento e filtragem

Com 90,7 st/h, da Fig. 1.4 resultam 58% de sólidos. O balanço fica:

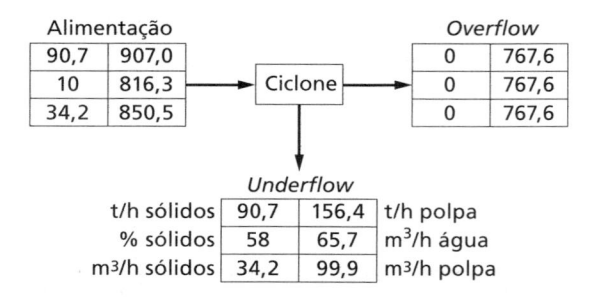

Alimentação				Overflow	
90,7	907,0			0	767,6
10	816,3	→	Ciclone →	0	767,6
34,2	850,5			0	767,6

	Underflow		
t/h sólidos	90,7	156,4	t/h polpa
% sólidos	58	65,7	m³/h água
m³/h sólidos	34,2	99,9	m³/h polpa

Mudaram, portanto, as bandeiras do *overflow* e do *underflow*.

1.6 (Tarr, 1985) Desaguar a 65% de sólidos o seguinte material: polpa a 56,5% de sólidos; densidade de 3,0; pressão de alimentação de 9 psi. O equipamento disponível é uma bateria de dez ciclones de 20", dos quais operam apenas oito (dois são reservas). A vazão de polpa é de 8.208 USGPM e a partição é de 66,7%.

Solução:

Como apenas oito ciclones operam, a vazão por ciclone é de 8208/8 = 1.026 USGPM por ciclone.

Vamos transformar porcentagem de sólidos em peso em porcentagem de sólidos em volume. Usaremos, arbitrariamente, o valor de 100t/h de polpa.

	t/h	56,5	100,0	t/h de polpa
% sólidos em massa		56,5	43,5	m³/h de água
densidade do sólido		3,0	30,2	% sólido em volume
m³/h de sólidos		18,8	62,3	m³/h de polpa

1.026 USGPM/ciclone = 233,2 (m³ sólidos/h)/ciclone.

30,2% de 233,2 são 70,4 m³/h sólidos/ciclone.

Como a densidade dos sólidos é de 3,0, a vazão mássica de sólidos na alimentação dos ciclones é de 211,3 (t sólidos/h)/ciclone.

Sendo a partição 0,667, a vazão mássica de sólidos no *underflow* dos ciclones é de 140,9 (t sólidos/h)/*apex* = 155,4 (sht/h)/*apex*.
Vamos agora escolher o *apex*. Como a Fig. 1.4 é construída para material de densidade 2,65, é necessário entrar nela com o valor equivalente:

$$155,4 \times \frac{2,65}{3} = 137,3 \text{ sht/h}$$

Com esse valor, a Fig. 1.4 indica o *apex* de 4".

1.7 Um classificador espiral recebe 400 t/h de alimentação. A partição é de 50%. O minério tem densidade 4,5 e deve ser classificado em 150#. Escolher o classificador espiral para fazer esse serviço em regime de classificação. A porcentagem de sólidos no *underflow* é de 75%.

Solução:
Inicialmente, calculamos os balanços:

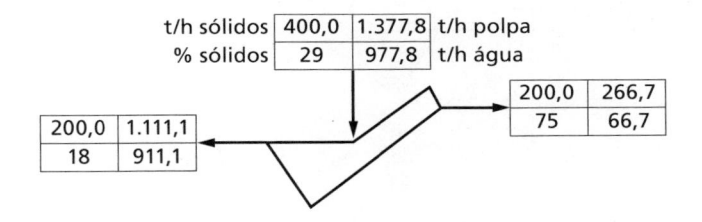

	t/h sólidos	400,0	1.377,8	t/h polpa
	% sólidos	29	977,8	t/h água

			200,0	266,7
200,0	1.111,1		75	66,7
18	911,1			

Da Tab. 1.1, sabemos que a porcentagem de sólidos no *overflow* deve ser de 18%, valor usado no balanço realizado, e que a capacidade unitária é de 0,115 (t/h)/ft^2. Da Fig. 1.5, encontramos a correção da densidade, 1,6, e da Tab. 1.4, como o circuito é aberto, usamos o fator 4. Dessa forma:

$$\text{área} = \frac{200}{0,115 \times 1,6 \times 4} = 271,7 \text{ ft}^2$$

Da Tab. 1.2, escolhemos o modelo 150 e, nessa coluna, encontramos o classificador de 72", FF com área imediatamente superior.

Passamos então a verificar a capacidade de arraste do *underflow*. A Tab. 1.3 nos informa que a capacidade de arraste da espiral de 72" é de 27,8 (t/h)/rpm e que essa espiral opera entre 2,1 e 5,3 rpm. O fator de correção de densidade é 1,6 (Fig. 1.5), de modo que:

$$\text{rpm necessárias} = \frac{200}{27,8 \times 1,6} = 4,5\,\text{rpm}$$

O equipamento especificado é, então, um classificador espiral de 72", modelo 150, FF, SP, girando a 4,5 rpm.

1.8 Calcular o mesmo classificador para operar em regime de corrente a 10% de sólidos.

Solução:
Inicialmente, calculamos o novo balanço:

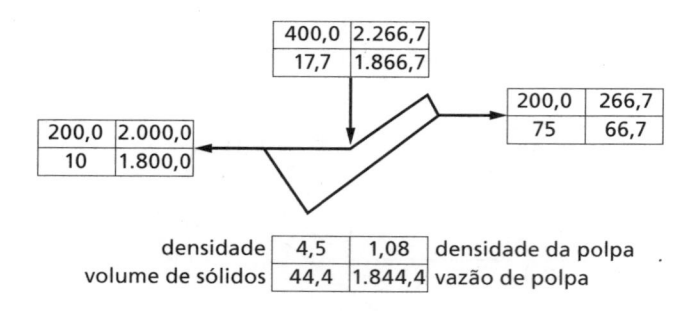

400,0	2.266,7
17,7	1.866,7

200,0	2.000,0
10	1.800,0

200,0	266,7
75	66,7

densidade	4,5	1,08	densidade da polpa
volume de sólidos	44,4	1.844,4	vazão de polpa

Passamos agora a calcular a velocidade de sedimentação da partícula de 150# (d_{95}) numa polpa de 10% de sólidos. Com base na Fig. 1.9, para partículas de densidade 2,65, essa velocidade é 1 ft/min = 0,3048 m/min = 18,3 m/h.

Para uma polpa de minério de densidade 2,65 a 10% de sólidos, a densidade de polpa seria a seguinte:

vazão de sólidos	200,0	2.000,0	vazão de polpa
% sólidos	10	1.800,0	vazão de água

densidade	2,65	1,07	densidade da polpa
volume de sólidos	75,5	1.875,5	vazão de polpa

A correção da densidade é a seguinte:

$$\text{correção} = \frac{\rho_{s1} - \rho_{p1}}{\rho_{s2} - \rho_{p2}} = \frac{4,5 - 1,08}{2,65 - 1,07} = 2,16$$

A velocidade de sedimentação é, então: $2,16 \times 18,3 = 39,6$ m/h.
A área necessária será $1.844,4/39,6 = 45,6$ m^2 $= 501$ ft^2.
Da Tab. 1.2, escolhemos o modelo 150. Verificamos que não existe nenhum equipamento com tal capacidade. É necessário utilizar um classificador duplex, de modo que entraremos com a área de $250,5$ ft^2. Encontramos o classificador de 66", FF com área imediatamente superior.

Passamos, então, a verificar a capacidade de arraste do *underflow*.
A Tab. 1.3 informa que a capacidade de arraste da espiral de 66" é de 20,3 (t/h)/rpm e que essa espiral opera entre 2,3 e 6 rpm. O fator de correção de densidade é 1,6 (Fig. 1.5), e temos duas espirais, de modo que:

$$\text{rpm necessárias} = \frac{200}{20,3 \times 2 \times 1,6} = 3,1 \text{ rpm}$$

O equipamento especificado é, então, um classificador espiral duplex de 66", modelo 150, FF, SP, girando a 3,1 rpm.

1.9 Queremos classificar 200 t/h de minério de densidade 3,0 em classificador espiral, a 200#. O *underflow* sai com 72% de sólidos. Qual o classificador adequado? Qual a diluição da alimentação? A partição é de 75%.

Solução:
Existem dois regimes de classificação em que o classificador espiral pode operar. Vamos dimensioná-lo pelos dois regimes.

Regime de Classificação
   a] Condições de operação:
       Da Tab. 1.1, temos: $d_{95} = 200\# \Rightarrow 15\%$ sólidos, 0,075 (t/h)/ft^2

b] Balanços:

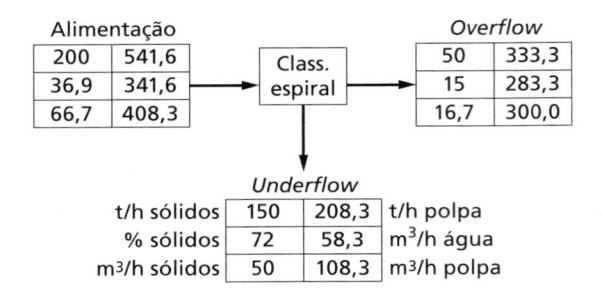

Alimentação				Overflow	
200	541,6	Class.		50	333,3
36,9	341,6	espiral		15	283,3
66,7	408,3			16,7	300,0

	Underflow		
t/h sólidos	150	208,3	t/h polpa
% sólidos	72	58,3	m³/h água
m³/h sólidos	50	108,3	m³/h polpa

c] Dimensionamento pela capacidade de transbordo de *overflow*:
$\rho = 3,0$; Fig. 1.5: fator de correção da capacidade $= 1,1$

d] Circuito aberto $\Rightarrow$ Tab. 1.4: fator $= 4$.

$$\text{área necessária} = \frac{50\,\text{t/h}}{0,075\,(\text{t/h})/\text{ft}^2 \times 1,1 \times 4} = 151,5\,\text{ft}^2$$

$d_{95} = 200\#$ exige um modelo 150 (150% de imersão). A inclinação recomendada é de 3¼"/ft. Da Tab. 1.2, o modelo adequado é o 54", FF.

e] Verificação da capacidade de arraste de *underflow*: sabemos que o classificador de 54", FF tem capacidade para transbordar as 50 t/h de *overflow*. Nada sabemos, porém, da sua capacidade de arrastar calha acima as 150 t/h de *underflow*. Vamos verificar se ele tem essa capacidade.

A Tab. 1.3 indica que uma rosca de 54" arrasta 10,5 t/h a cada rpm, e que os limites operacionais são 2,9 e 7 rpm:

$$\text{rotação necessária} = \frac{150\,\text{t/h}}{10,5\,(\text{t/h})/\text{rpm} \times 1,1} = 13\,\text{rpm}$$

Como esse valor é maior que 7, teremos de usar rosca dupla.

$$\text{rotação necessária} = \frac{150\,\text{t/h}}{10,5\,(\text{t/h})/\text{rpm} \times 2\,\text{roscas} \times 1,1} = 6,5\,\text{rpm}$$

Esse valor está dentro da faixa de utilização do equipamento. Portanto, o equipamento escolhido para classificar em regime de classificação é um classificador de 54", FF, DP, operando a 6,5 rpm.

Regime de Corrente

Para esse dimensionamento, precisamos saber a velocidade de sedimentação da partícula de d_{95}, a vazão volumétrica do *overflow* e a sua densidade.

♦ A vazão volumétrica de polpa foi calculada no balanço e é de $300\,m^3/h$.

♦ Densidade de polpa = $333,3\,t/h\,/\,300,0\,m^3/h = 1,11\,t/m^3$. A polpa do minério de referência ($\rho = 2,65$) teria:

t/h sólidos	50,0	333,3	t/h de polpa
% sólidos em massa	15	283,3	m³/h de água
densidade do sólido	2,65	1,1	densidade da polpa
m³/h de sólidos	18,9	302,7	m³/h de polpa

♦ A velocidade de sedimentação é dada pela Fig. 1.9:

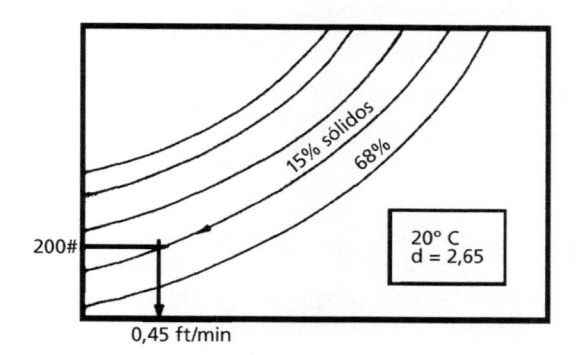

$d_{95} = 200\#$, 15% sólidos $\Rightarrow v = 0,45\,ft/min = 13,7\,cm/min = 8,2\,m/h$.

$$\text{correção da densidade} = \frac{\rho_{s1} - \rho_{p1}}{\rho_{s2} - \rho_{p2}} = \frac{3,0 - 1,11}{2,65 - 1,10} = 1,22$$

e a velocidade terminal fica = $1,22 \times 8,2 = 10,0\,m/h$.

A seção necessária será:

$S = Q/v_t = 300\,m^3/h / 10,0\,m/h = 30,0\,m^2 = 323\,ft^2$.

Da Tab. 1.2: modelo 150, $323\,ft^2$, 78", FF, simplex. Precisamos agora verificar a capacidade de arraste do *underflow* (Tab. 1.3):

78" ⇒ 31,5 (t/h)/rpm, 2 a 5 rpm ⇒ 150 t/h/(31,5 (t/h)/rpm × 1,1)
= 4,4 rpm (1,1 é o fator de correção da densidade – Fig. 1.5).

Portanto, o equipamento escolhido para classificar em regime de corrente é um classificador simplex de 78", FF, SP, operando a 4,4 rpm.

> **1.10** Deseja-se desaguar uma polpa a 10% de sólidos, contendo 90,7 t/h de sólidos de densidade 3,5, em um classificador espiral. O *underflow* sairá com 65% de sólidos. Pede-se:
> ♦ os balanços de massas e de água;
> ♦ a especificação do classificador.

Solução:
Como o enunciado não fornece a partição dos sólidos, admitimos um desaguamento perfeito e temos:

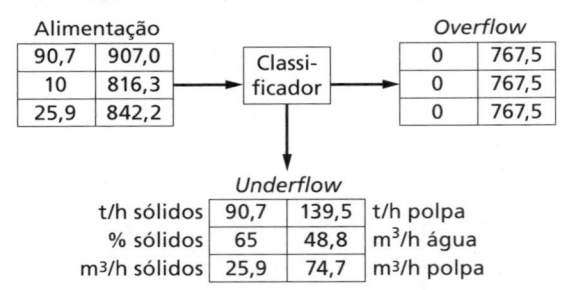

Alimentação

90,7	907,0
10	816,3
25,9	842,2

Classificador

Overflow

0	767,5
0	767,5
0	767,5

Underflow

	90,7	139,5	t/h polpa
t/h sólidos	90,7	139,5	t/h polpa
% sólidos	65	48,8	m³/h água
m³/h sólidos	25,9	74,7	m³/h polpa

Da Fig. 1.5, temos que, para a densidade 3,5, os valores das Tabs. 1.2 e 1.3 devem ser multiplicados por 1,25 (125%). Ou então, deveremos entrar na Tab. 1.2 com 90,7 / 1,25 = 72,6 t/ h.

Ao verificarmos as capacidades de arraste e as rpm admissíveis para as espirais de diferentes diâmetros (Tab. 1.2), construímos:

Modelo	36	42	48	54	60	66	72
rpm admiss.	4-11	3,5-9	3,2-8	2,9-7	2,6-6,5	2,3-6	2,1-5,3
t/h/rpm	3,5	4,8	8,7	10,5	17,3	20,3	27,8
rpm necessárias	20,7	15,1	8,3	6,9	4,2	3,6	2,6
c/DP	10,4	7,6	4,2	3,5	2,1	–	–

Os valores em negrito indicam as rotações mais adequadas para *single pitch* e *double pitch*. As melhores soluções são 42" DP e 60" SP.

> **1.11** A operação descrita no exercício anterior, na realidade, não é perfeita. Há uma perda de 6 t/h de material pelo *overflow*. Essas perdas têm d_{95} = 150#. Quais são as condições reais esperadas para essa operação?

Solução:

Com base nas tabelas de dimensionamento de classificadores espiral, temos:

Tab. 1.1: d_{95} = 150# ⇒18% de sólidos no *overflow*

⇒ 0,115 (t/h)/ft² para d = 2,65

Fig. 1.5: correção da densidade = 1,25

Tab. 1.4: fator = 4

$$\text{área necessária de } overflow = \frac{6}{0,115 \times 1,25 \times 4} = 10,4 \, ft^2$$

Da Tab. 1.2, trabalhando com a MÁXIMA INCLINAÇÃO e 150% DE SUBMERGÊNCIA DA ROSCA, chegamos a um classificador de 24", *straight flare*.

Note que, neste exercício, os respectivos valores da porcentagem de sólidos no *overflow*, da inclinação e da imersão não correspondem aos valores recomendados para a classificação, porque o que estamos fazendo aqui é desaguamento.

O balanço fica:

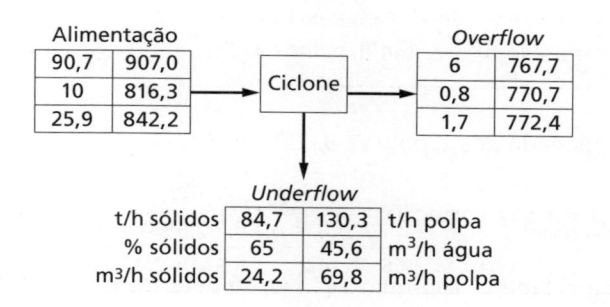

Alimentação				Overflow	
90,7	907,0		Ciclone	6	767,7
10	816,3			0,8	770,7
25,9	842,2			1,7	772,4

	Underflow		
t/h sólidos	84,7	130,3	t/h polpa
% sólidos	65	45,6	m³/h água
m³/h sólidos	24,2	69,8	m³/h polpa

Verificando agora a capacidade de arraste do *underflow*:

24"⇒ 1,0(t/h)/rpm, 6 a 16 rpm ⇒ 84,7 t/h/1,0 (t/h)/rpm × 1,25 = 67,8 rpm, valor que está totalmente fora da faixa adequada à operação do equipamento escolhido. O critério de escolha tem de ser o arraste do *underflow* e, com isso, voltamos às soluções obtidas no exercício 1.8.

1.12 Desaguar em um cone 91 t/h de sólidos finos, com densidade 4,5. Admitir corte na malha 200 e 10% de perdas no *overflow*. A alimentação tem 40% de sólidos e deseja-se que o *underflow* tenha 60%.

Solução:

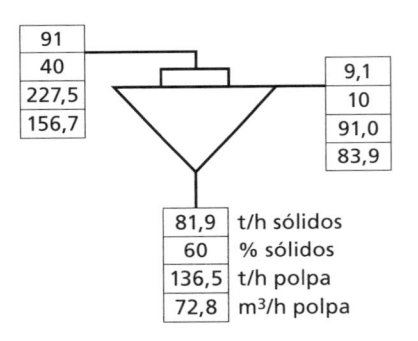

91
40
227,5
156,7

9,1
10
91,0
83,9

81,9	t/h sólidos
60	% sólidos
136,5	t/h polpa
72,8	m³/h polpa

$$\text{Overflow: densidade de polpa} = \frac{\text{massa}}{\text{volume}} = \frac{91,0}{83,7} = 1,09$$

A polpa do minério de referência ($\rho = 2,65$) teria:

t/h sólidos	9,1
% sólidos	10
t/h polpa	91,0
m³/h polpa	83,9

A densidade dessa polpa é 91,0/83,9 = 1,08.

$$\rho = 4,5 \Rightarrow \text{correção} = \frac{\rho_{s1} - \rho_{p1}}{\rho_{s2} - \rho_{p2}} = \frac{4,5 - 1,09}{2,65 - 1,08} = 2,17$$

A velocidade de sedimentação (v_t) é determinada na Fig. 1.9:

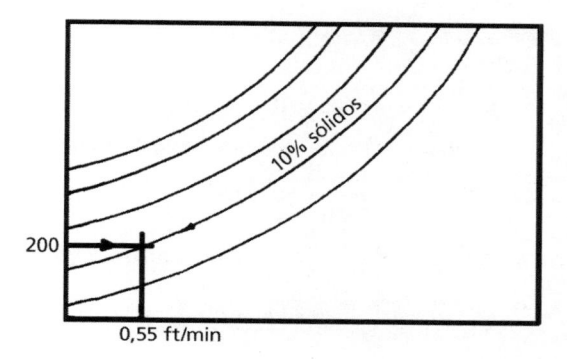

$v_t = 0,55 \text{ ft/min} = 10,1 \text{ m/h}$

$v_t = 2,17 \times 10,1 = 21,9 \text{ m/h}$

$$S = \frac{Q}{v_t} = \frac{83,9 \text{ m}^3/\text{h}}{21,9 \text{ m/h}} = 3,8 \text{ m}^2$$

$S = \pi D^2/4 \Rightarrow D = \sqrt{4S/\pi} = 2,2 \text{ m}$

Como o material é fino, o ângulo recomendado para o cone é de 40°(20° a partir da geratriz), e tg 20° = 1,1/h, ou h = 3,0 m.

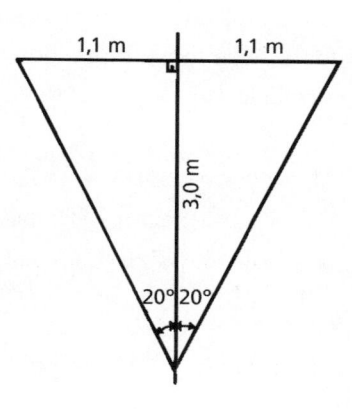

1.13 Um rejeito de uma usina tem a vazão de 336,4 m³/h de polpa, da qual 1,9 t/h são sólidos de densidade 4,2. Para a economia do processo, é necessário recuperar 211 m³/h de água. Imagina-se utilizar um cone, sabendo que a quantidade de sólidos abaixo de 270# é muito pequena.

Solução:

Adotamos 270# como d_{95}.

$$\% \text{ sólidos} = \frac{1,9}{336,4 + 1,9 - 1,9/4,2} = 0,006 = 0,6\%$$

Como pequena parte é -270#, podemos, sem grande erro, usar a linha de 0% de sólidos na Fig. 1.9. Então:

0% sólidos ($\rho_p = 1$)

$d_{95} = 270\# \Rightarrow v = 0.5\,\text{ft/min}$ para $\rho = 2.65$

$$v_t = \frac{4.2 - 1}{2.65 - 1} \times 0.5 = 0.97\,\text{ft/min} = 17.7\,\text{m/h}$$

$$\Rightarrow S = \frac{336.4\,\text{m}^3/\text{h}}{17.7\,\text{m/h}} = 19\,\text{m}^2 \Rightarrow D = 4.9\,\text{m}^2$$

Verificação da capacidade de transbordar o *overflow*:

$$\Rightarrow Q_{OF} = 211\,\text{m}^3/\text{h} \Rightarrow v_{OF} = \frac{211\,\text{m}^3/\text{h}}{19\,\text{m}^2} = 11.1\,\text{m/h} < 17.7\,\text{m/h}$$

Polpas muito diluídas são uma aplicação típica de cones desaguadores. Esse mesmo procedimento de dimensionamento é usado para caixas de areia e outros dispositivos de classificação/desaguamento.

1.14 Desaguar 80 t/h de carvão 3/8" × 0 em peneira vibratória horizontal, com tela de 0,5 mm. A alimentação é uma polpa com 40% de sólidos e o produto tem 20% de umidade. Admitir densidade 1,6.

Solução:

Alimentação: 200 t/h polpa

$\quad$ – 80 t/h sólidos = 50 m³/h

$\quad$ 120 t/h água = $\quad$ 120 m³/h

$\qquad\qquad\qquad\qquad$ 170 m³/h polpa

A polpa alimentada tem:

t/h sólidos	80,0	200,0	t/h de polpa
% sólidos em massa	40,0	120,0	m³/h de água
densidade do sólido	1,6		
m³/h de sólidos	50,0	170,0	m³/h de polpa

A polpa do produto tem:

t/h sólidos	80,0	96,0	t/h de polpa
% sólidos em massa		16,0	m³/h de água
densidade do sólido	1,6	20,0	umidade
m³/h de sólidos	50,0		m³/h de polpa

Serão removidos, portanto, 120 – 16 = 104 m³/h de água.

Da Tab. 1.6, 3/8" × 0, tela de 0,01" = 0,25 mm; verificamos que a peneira com largura de 8 ft tem capacidade de desaguar 82 t/h de sólidos e de retirar até 470 m³/h de água. É, portanto, a peneira escolhida.

1.15 Desaguar 80 t/h de minério de ferro 3/8" × 0 em peneira vibratória horizontal, com tela de 0,01".

Solução:

As capacidades apresentadas na Tab. 1.6 são para carvão (densidade aparente 0,8 t/m³). Para outros materiais, é necessário multiplicá-las pela relação entre as respectivas densidades aparentes. Assim:

◆ densidade aparente da hematita = 2,6 t/m³;
◆ densidade aparente do carvão = 0,8 t/m³.

Valor para entrar na Tab. 1.6 = 0,8/2,6 × 80 = 24,6 t/h.

Da Tab. 1.6, 3/8" × 0, tela de 0,01"; verificamos que a peneira com largura de 3 ft tem capacidade de desaguar 27 t/h de sólidos e 170 m³/h de água. É, portanto, a peneira escolhida.

1.16 Desaguar 5 t/h de sólidos em uma polpa de fosfato, a 13% de sólidos, em peneira DSM. Densidade = 2,7.

Solução:

Da Fig. 1.17A, verificamos que o modelo recomendado é o de 50°. Essa peneira tem capacidade entre 30 e 150 GPM/ft de largura da peneira. Adotamos, para efeito deste exercício, o valor médio da faixa: 90 GPM.

A vazão de polpa (5 t/h sólidos, 13% sólidos) é 38,5 t/h de polpa, ou:

t/h sólidos	5,0	38,5	t/h de polpa
% sólidos em massa	13,0	33,5	m³/h de água
densidade do sólido	2,7		
m³/h de sólidos	1,8	35,3	m³/h de polpa = 155,3 USGPM

155,3/90 = 1,7 ft.

Adotamos uma peneira DSM de 2 ft de largura.

> **1.17** Desaguar 50 t/h de *pellet feed* de uma polpa a 20% de sólidos, em peneira DSM. Densidade = 5,5.

Solução:

Da Fig. 1.17A, verificamos que o modelo recomendado é o Rapifine.
Essa peneira tem capacidade entre 30 e 100 GPM/ft de largura da peneira.
Adotamos, para efeito deste exercício, o valor médio da faixa: 65 GPM.

t/h sólidos	50,0	250	t/h de polpa
% sólidos em massa	20	200	m³/h de água
densidade do sólido	5,5		
m³/h de sólidos	9,1	209,1	m³/h de polpa = 920 USGPM

920 /65 = 14 ft, sendo necessárias 7 peneiras Rapifine (2 ft de largura).

> **1.18** Desaguar 100 t/h de cassiterita (densidade 3), de uma polpa a 20% de sólidos, em peneira DSM. A tela recomendada é de 35#.

Solução:

Da Fig. 1.17A, verificamos que o modelo recomendado é o de 45".
Essa peneira tem capacidade entre 30 e 200 GPM/ft de largura da peneira.
Adotamos, para efeito deste exercício, o valor médio da faixa: 115 GPM.

t/h sólidos	100,0	500,0	t/h de polpa
% sólidos em massa	20	400,0	m³/h de água
densidade do sólido	3,0		
m³/h de sólidos	33,3	433,3	m³/h de polpa = 1.906,5 USGPM

1.906,5/115 = 16,6 ⇒ serão necessárias 3 peneiras de 6ft de largura.

> **1.19** Desaguar 450 t/h de uma polpa de carvão, a 50% de sólidos, em peneira fixa com tela de 28#. Densidade = 1,6.

t/h sólidos	450,0	900,0	t/h de polpa
% sólidos em massa	50	450,0	m³/h de água = 1.980 USGPM
densidade do sólido	1,6		
m³/h de sólidos	281,2	731,2	m³/h de polpa

Com base na Tab. 1.8, a peneira de 4 ft com tela de 28# tem capacidade para remover 225 USGPM; a de 5 ft, 245. Resultariam telas fixas de, respectivamente, 8,8 ou 8,1 ft de largura. Adotamos este último valor, arredondando para 8 ft (diferença de 1,2%).

A tela fixa recomendada é de 8 × 5 ft (ou duas de 4 × 5 ft), inclinadas de 60°.

1.20 Um espessador recebe 100 t/h de alimentação a 20% de sólidos. O *overflow* tem 2,63% de sólidos e o *underflow*, 75%. Estabelecer os balanços de massas e de água.

Solução:

Isso pode ser feito pela aplicação da regra dos dois produtos. Porém, se a aplicarmos diretamente às porcentagens de sólidos, teremos a partição das polpas, pois a porcentagem de sólidos é um atributo da polpa, e não dos sólidos. É necessário fazer o balanço completo e, a partir dele, calcular as vazões de sólidos (R. R. Rodrigues Silva, Águas Claras - MG, comunicação pessoal).

Calcula-se, portanto, a bandeirinha da alimentação e aplica-se a regra dos dois produtos à vazão de polpa encontrada, para calcular a vazão de polpa do *underflow*.

$$R_{polpa} = \frac{\%\ \text{sólidos}_{alimentação} - \%\ \text{sólidos}_{overflow}}{\%\ \text{sólidos}_{underflow} - \%\ \text{sólidos}_{overflow}} = \frac{20 - 2,63}{75 - 2,63} = 0,24$$

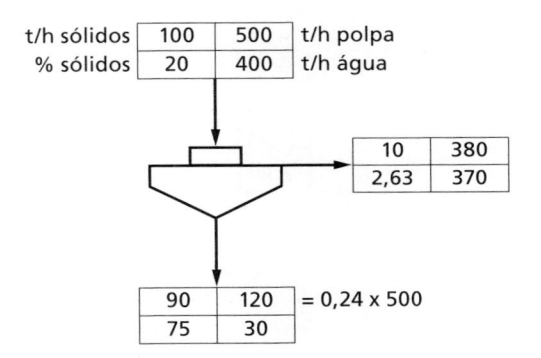

t/h sólidos	100	500	t/h polpa
% sólidos	20	400	t/h água

10	380
2,63	370

90	120	= 0,24 × 500
75	30	

1.21 Um ciclone desaguador recebe 100 t/h de polpa de alimentação a 25% de sólidos. O *underflow* tem 70% de sólidos e o *overflow*, 10%. Qual é a perda de massa?

Solução:

De modo idêntico ao exercício anterior:

$$R_{polpa} = \frac{25-10}{70-10} \times \frac{70}{25} = 0{,}7 = 70\%$$

Portanto, perdem-se 30% da polpa. Como essa polpa está a 10% de sólidos, perdem-se $0{,}1 \times 300 = 30$ t/h de sólidos.

Referências bibliográficas

ABBOTT, J. et al. Coal preparation plant effluent disposal by means of deep cone thickeners. In: INTERNATIONAL COAL PREPARATIONS CONGRESS, 6. Annals. Paris, 1973. (Separata).

ANDERY, P. A.; CHAVES, A. P; PÓVOA, F. V. Ensaios industriais de classificação de minério de ferro. Minérios e Metais, ano III, n. 7, p. 23-30, out. 1973.

CVRD – COMPANHIA VALE DO RIO DOCE. Programa de treinamento – Peneiramento. Apostila, xerox. [s.n.t.].

DENVER CO. Spiral classifiers. Denver Equipment Co. Specification Manual C5C-B10, Denver, [s.d.].

DORR-OLIVER. Catálogo de peneiras DSM. Stamford: Dorr-Oliver Inc., [s.d.].

FAÇO. Manual de britagem. 3. ed. Sorocaba: Fábrica de Aço Paulista, 1982.

KEANE, J. M. Sedimentation: theory, equipment and methods. World Mining, p. 4451, nov. 1979; p. 48-53, dez. 1979.

MCNALLY PITTSBURGH. Coal preparation manual. [s.n.t.].

PAULO ABIB ENGENHARIA S.A. Britagem, classificação e concentração do minério de ferro de Capanema. Relatório do Projeto. PAA, São Paulo, 1978.

SANDY, E. J.; MATONEY, J. P. Mechanical dewatering. In: LEONARD, J. W. (Ed.). Coal preparation. 4. ed. New York: AIME, 1979.

TARR JR., D. I. Hydrocyclones. In: Weiss, N. L. (Ed.). SME mineral processing handbook. New York: AIME, 1985. p. 3D-10-30.

WEMCO ENVIROTECH. Wemco sand preparation. Bulletin C4-B30. Sacramento: Wemco Envirotech, [s.d.].

2 Espessamento

Arthur Pinto Chaves
Antonio Heleno de Oliveira
Ricardo A. C. Cordeiro
Ricardo Chiappa

2.1 Descrição do equipamento

Espessamento é uma operação de separação sólido-líquido de polpas, por sedimentação em grande escala. Essa operação é feita num tanque denominado espessador. O propósito é receber uma polpa diluída (entre 5% e 10% de sólidos) e obter um produto adensado (*underflow*) tão adensado quanto seja possível bombear ou obter (grosseiramente entre 50% e 75% de sólidos).

Existem duas operações unitárias muito parecidas mas distintas: clarificação e espessamento. O objetivo da clarificação é produzir um produto clarificado ao máximo (*overflow*), ao passo que o espessamento objetiva produzir um produto adensado (*underflow*) até o valor compatível com a operação subsequente (bombeamento, filtragem, condicionamento etc.).

Os espessadores são equipamentos como o mostrado na Fig. 2.1: grandes, caros e, geralmente, instalados fora da usina. Eles são constituídos de um tanque cilíndrico-cônico (a altura da porção cilíndrica é pequena quando comparada ao seu diâmetro, e o cone é raso; inclinação do fundo = 12:1), e seus diâmetros variam de alguns metros até dezenas de metros. Sua alimentação é pelo centro: as partículas sólidas sedimentam e são retiradas pelo fundo, no ápice da porção cônica (*underflow*), enquanto o líquido sobrenadante transborda e é recolhido em uma calha que circunda o tanque (*overflow*). A calha pode ser interna ou externa ao tanque.

A construção dos espessadores é em aço ou em concreto armado. Eventualmente, utiliza-se argila compactada para construir o fundo do espessador. Em princípio, para pequenos diâmetros, aço é mais econômico que concreto, mas a situação se inverte à medida que o diâmetro cresce.

Espessadores para concentrados de flotação geralmente têm algum dispositivo para conter a espuma mais persistente e impedir que ela extravase pela calha de *overflow* (p. ex., um anel de chapa de aço, espaçado de alguns metros do *feedwell*, ou esguichos de água, conforme será descrito mais adiante). A Fig. 2.1 mostra uma escumadeira que empurra a espuma para um dispositivo de descarga.

Os espessadores podem receber polpas bastante diluídas (5% a 10% de sólidos) ou mais adensadas, e deságuam-nas até 65% ou 75% de sólidos. Esse valor não depende da capacidade que o espessador tem de adensar, mas é definido a partir da capacidade que as bombas de *underflow* têm de manusear o material adensado.

Portanto, a função principal do espessador é adensar o material alimentado até um valor conveniente para a operação subsequente (bombeamento, filtragem, condicionamento etc.). Outra função – *cada vez mais importante, em decorrência da crescente preocupação ambiental* – é permitir a recuperação e recirculação imediata de toda ou, pelo menos, de parte da água de processo. Em casos especiais – na cianetação de minérios de ouro em CCD (*Counter Current Decant*), na lixiviação de minérios de cobre e de urânio e na indústria de alumina –, os espessadores são utilizados como reatores químicos: eles retêm o minério durante o tempo necessário para que as reações químicas ocorram e separam a fase sólida da solução.

Nunca, porém, um espessador pode ser usado para estocar material em seu interior, pois isso sempre levará a problemas operacionais e à parada e limpeza inevitáveis, com perda de tempo, de material e de produção.

Como exemplo da importância dessa recomendação, vamos avaliar os prejuízos decorrentes de um aterramento de espessador causado pela "esperteza" de um operador que resolveu utilizar o espessador

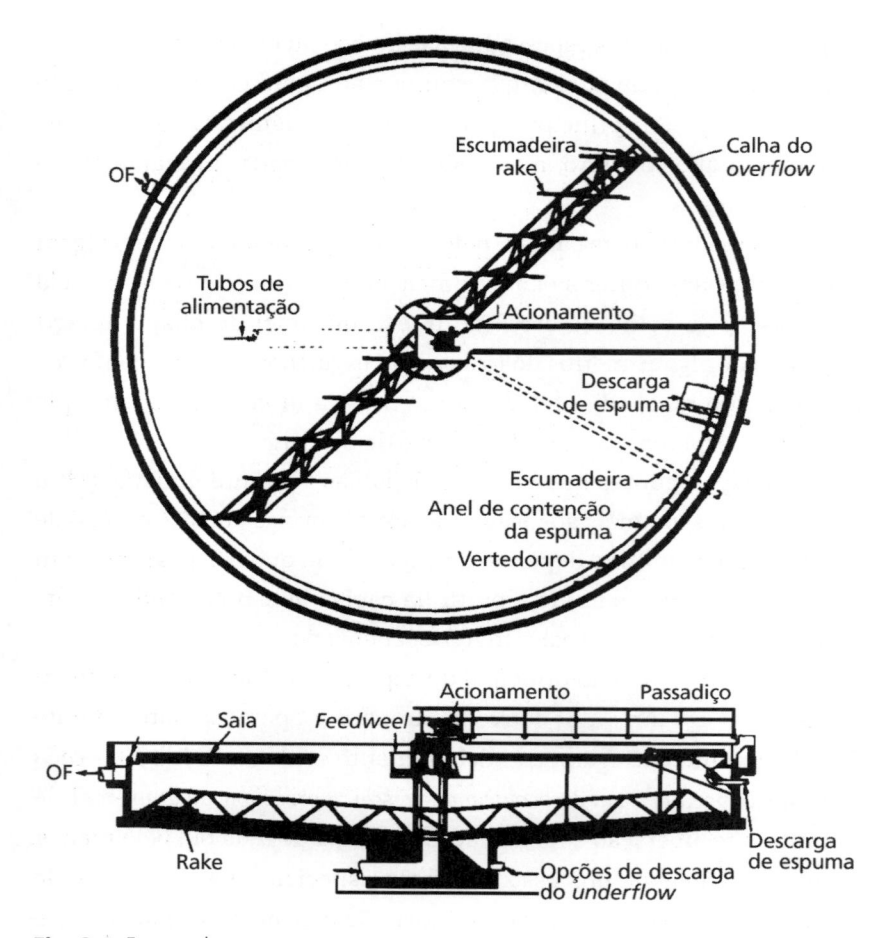

Fig. 2.1 Espessador
Fonte: adaptado do catálogo da Eimco.

para estocar concentrado. Seja uma usina que produz 150 t/h e um espessador de 100 ft de diâmetro:
- tempo gasto para esvaziar o espessador: 8 h;
- tempo gasto para limpeza do fundo: 20 h;
- tempo gasto para reencher o espessador: 4 h;
  TEMPO TOTAL DE PARALISAÇÃO: 32 h;
- perda de produção = 150 t/h × 32 h = 4.800 t de concentrado;

- MÃO DE OBRA DISPENDIDA: (1 supervisor + 4 operadores por turno) = 160 homens × hora.

Se admitirmos um salário médio para essa equipe de 4,00 US$/h e encargos sociais de 100%, o custo de mão-de-obra para a remoção do material acumulado dentro do espessador atinge US$ 1.280,00.

Por sua vez, a perda de produção da usina, parada durante as 32 horas, é mais significativa: admitindo um valor de 26,00 US$/t de concentrado, teremos 32 h × 150 t/h × 26,00 US$/t = US$ 124.800,00. O prejuízo total é, portanto, de US$ 126.080,00.

Infelizmente, acidentes desse tipo acontecem com bastante frequência. Sabemos de casos em que, para executar esse serviço, foi necessário colocar retroescavadeiras e pás-carregadeiras dentro do espessador, mediante o uso de guindastes. Em outro caso, foi necessário utilizar explosivo para remover o *pellet feed* acumulado no fundo do espessador. Em outro, ainda, antes de o espessador atolar, a operação da usina foi parada e foi trazido um mergulhador para vasculhar o fundo e retirar as peças caídas lá dentro e que estavam ameaçando a operação do espessador.

No fundo do tanque, gira lentamente um rastelo (*rake* – Fig. 2.2), que tem a função óbvia de arrastar o material espessado para o centro, de onde ele é retirado pelas bombas de *underflow*. Além dessa função, o *rake* é utilizado para:

- aumentar a densidade do espessado;
- desprender bolhas de ar e bolsas d'água eventualmente presas no espessado;
- arrumar as partículas sólidas umas sobre as outras, de modo a ocupar o mínimo volume;
- manter os sólidos depositados em suspensão, evitando o aterramento do espessador.

A soma de todos esses efeitos contribui para aumentar a porcentagem de sólidos com que o *underflow* é retirado e também para facilitar a sua operação.

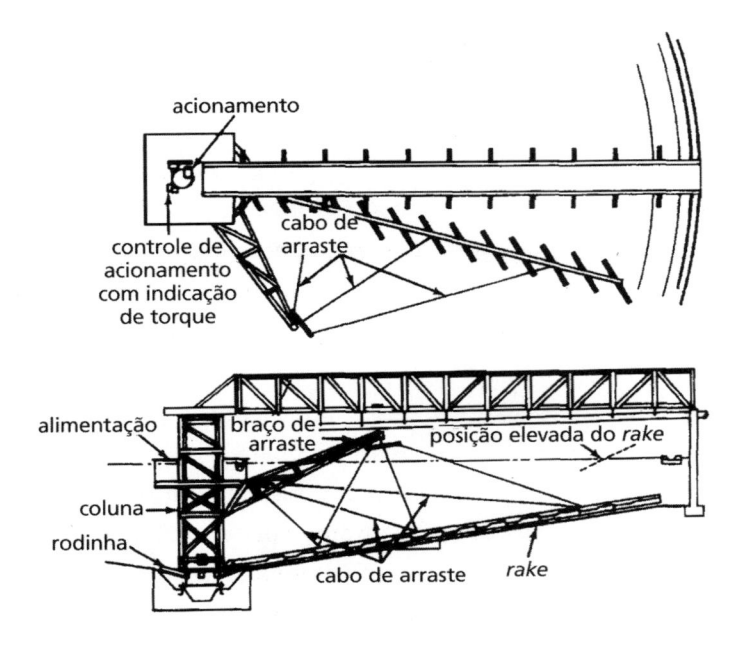

Fig. 2.2 Rake

Todos os espessadores dispõem de um passadiço para permitir o acesso ao mecanismo central de acionamento. Esse passadiço serve também de suporte para a tubulação que traz a alimentação, para os eletrodutos etc.

A alimentação chega ao centro do espessador através de uma tubulação. Aí existe uma peça denominada *feedwell* (Fig. 2.3), que é

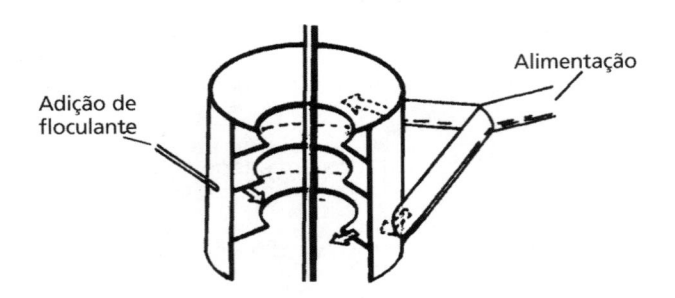

Fig. 2.3 *Feedwell*

um dispositivo que divide o fluxo de polpa alimentada em diversos fluxos de direções opostas, de modo que a velocidade e a turbulência sejam quebradas (a energia cinética é dissipada) e a alimentação entre mansamente no espessador, permitindo a sedimentação serena das partículas.

A alimentação é usualmente feita por gravidade, através de calhas ou tubos. Em geral, uma velocidade de polpa de 2,5 a 3,0 m/s é suficiente para manter a alimentação em suspensão e para não causar problemas de turbulência no *feedwell*. Inclinações de 1% a 1,5% são suficientes para fornecer essa velocidade (King, 1980).

Com espessadores de diâmetros maiores, as forças resistentes ao movimento do *rake* podem atingir valores significativos. O mesmo pode acontecer quando se trabalha com concentrados de densidade elevada, quando há depósitos localizados dentro do espessador, quando a alimentação traz instantaneamente partículas mais grosseiras ou quando cai dentro do espessador alguma ferramenta ou objeto mais volumoso. Essas forças podem ser grandes o suficiente para entortar o *rake* ou torcer o eixo de acionamento. Para prevenir esse tipo de acidente, o mecanismo de acionamento é dotado de um torquímetro, ligado a um sistema automático de proteção: verificado algum valor mais alto do que o especificado, soa um alarme na cabine de controle e automaticamente é acionado um dispositivo que levanta os braços do *rake* até encontrar uma posição de menor resistência. A partir dessa nova situação, e sem parar o movimento, o *rake* começa a ser abaixado lentamente.

Existem diferentes dispositivos para o levantamento do *rake*: translação para cima, levantamento em torno de um ponto fixo, ou construir o *rake* arrastado por cabos, o que permite que ele "escale" os obstáculos.

Este é um aspecto crítico da prática operacional: quando se nota uma situação em que o mecanismo de elevação do *rake* esteja atuando constantemente, é importante o acompanhamento cuidadoso para verificar se se trata apenas de um adensamento ocasional ou se é um início de aterramento. Nesse último caso, as providências necessárias – até mesmo parar a operação da usina, se for o caso – devem ser tomadas para evitar a situação crítica e totalmente indesejável de aterramento do espessador.

Nunca se deve fazer a descarga direta do *underflow*, como, aliás, já mencionava Taggart (1927). Isso é muito importante, pois o controle da vazão de *underflow* é um dos poucos recursos de que o engenheiro de processos dispõe para operar o espessador. Em geral, usam-se bombas de diafragma ou bombas centrífugas de polpa. As bombas de diafragma podem ser instaladas em qualquer posição, mesmo longe do ponto de descarga, eliminando a necessidade de um cômodo debaixo do espessador para abrigar as bombas centrífugas.

O *overflow* transborda sobre um vertedouro feito em chapa de aço, com a parte superior serrilhada. Esse vertedouro acompanha a borda superior da porção cilíndrica do espessador, e a calha pode ser instalada tanto interior como exteriormente a ele. O vertedouro tem a forma serrilhada para poder oferecer uma certa proteção contra o vento. Outra função é acomodar pequenos desníveis (decorrentes, por exemplo, da acomodação do terreno) e, ainda, permitir uma medida da vazão de *overflow* (diretamente proporcional à altura da descarga do *overflow* no dente em V).

O *overflow* flui por uma calha que circunda o tanque do espessador e é encaminhado até um tanque de acumulação, de onde é bombeado. Muito frequentemente, é possível utilizar bombas de água para esse serviço, pois a separação sólido-líquido pode ser tão boa que a quantidade de sólidos residuais é mínima. Entretanto, há sempre o risco de uma falha operacional levar sólidos ao *overflow*, e a decisão entre economizar instalando bombas de água em vez de bombas de polpa deve ser avaliada cuidadosamente. Uma solução intermediária pode ser a instalação de bombas de água feitas em material resistente ao desgaste (Ni-hard, p. ex.).

É bom lembrar que bombas revestidas de borracha não são recomendáveis para modelos com rotor de grande diâmetro (vazões mais elevadas), pois há sempre o risco de o revestimento descolar-se do rotor. A importância da recirculação da água não pode ser minimizada. Ela pode trazer grandes reduções do custo operacional e do consumo de energia elétrica, pois se evita parte do bombeamento de água desde a captação. É comum um espessador de porte médio recuperar vazões superiores a 300 m³/h, o que pode tornar-se uma economia considerável, dependendo da diferença de cotas. Deve-se ter em mente, porém, que o *overflow* do espessador tem características diferentes daquelas verificadas na água industrial (p. ex., produtos químicos em solução). Essas características podem causar interferências no processo de beneficiamento e, por isso, o ponto onde o *overflow* deve retornar ao circuito deve ser escolhido com cuidado.

O *feedwell*, o mecanismo de acionamento do *rake* e o dispositivo de elevação são instalados no centro do espessador. Para sustentá-los, são utilizadas três configurações básicas (Fig. 2.4):

♦ em ponte: usada para espessadores de diâmetro inferior a 30 m. Os dispositivos mecânicos são instalados sobre uma viga (ou ponte) apoiada sobre duas colunas externas ao espessador, ou, na maior parte das vezes, na própria estrutura do tanque. Como se trata de espessadores pequenos, é fácil suspendê-los acima do piso, o que é feito com frequência. Nesses casos, por meio de bombas de polpa, faz-se a retirada do *underflow* através de um orifício no ápice do espessador. O material de construção mais comum é o aço.

♦ em coluna: usada para espessadores com diâmetro superior a 25 m. Os dispositivos mecânicos são instalados sobre uma coluna ou estrutura metálica, colocada no centro e apoiada no fundo

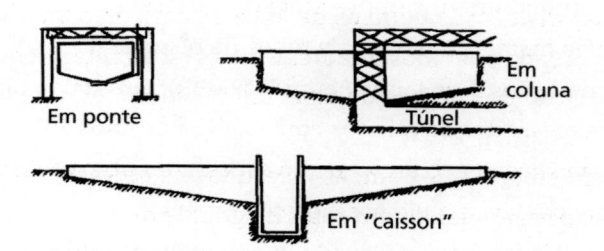

Fig. 2.4 Configurações básicas de espessador

do espessador. Como se trata de espessadores grandes, o uso de tubulações enterradas e de bombas de diafragma é inconveniente; usam-se, nesse caso, bombas centrífugas alojadas em um túnel construído debaixo do espessador, e a descarga é feita através de uma abertura anular em torno da coluna. A construção geralmente é em concreto, mas há casos em que o fundo é em terra batida, impermeabilizada com argila.

◆ em *caisson*: usada quando há inconvenientes na construção do túnel sob o espessador (topografia, problemas geotécnicos, problemas de drenagem, custo de escavação etc.). Constrói-se, no centro do espessador, uma estrutura de concreto armado, de seção circular ou quadrada, do fundo até a superfície. No fundo dessa construção são instaladas as bombas de *underflow* e, no seu topo, os mecanismos do espessador. King (1980) comenta que, em 1977, essa era, em princípio, a opção mais interessante para espessadores maiores que 120 m.

Em torno do *caisson* é construída uma valeta, projetada de modo a encaminhar o *underflow* para as bombas. A construção é sempre em concreto armado, e constroem-se equipamentos com diâmetro de até 180 m.

Embora os operadores tenham, com justa razão, horror a tubulações de polpa enterradas, algumas instalações utilizam tubos de *underflow* instalados sobre o fundo do espessador e bombas instaladas num poço externo a ele (em nível inferior ao do fundo do espessador; de modo a trabalharem sempre afogadas). Nesses casos, é de toda a conveniência instalar um ou mais tubos de reserva.

A Minerações Brasileiras Reunidas (MBR), em Águas Claras (MG), tinha um espessador de rejeitos construído nos anos 1950, no qual o *underflow* era succionado do fundo do espessador através de tubos que, em seguida, passavam pelo passadiço.

Nos equipamentos descritos, o acionamento do *rake* é central, feito por um eixo rígido para os espessadores de ponte e por uma gaiola para os espessadores de torre ou *caisson*. Existem alternativas para o mecanismo de acionamento:

♦ o *rake* é suspenso a partir de um braço mais elevado, por meio de cabos. O braço de acionamento é ligado rigidamente ao mecanismo de movimentação, mas o *rake* não, e, dessa maneira, pode elevar-se quando encontra alguma resistência ao seu movimento circular;

♦ o movimento circular é dado por um monotrilho instalado na borda do tanque ou em trilhos externos ao equipamento, como mostra a Fig. 2.5. Dessa forma, o mecanismo central fica aliviado. Essa solução tende a tornar-se padrão para espessadores entre 60 m e 120 m de diâmetro. A elevação do *rake* passa a acontecer por causa do arraste do *rake* sobre os obstáculos.

Na indústria do alumínio, mais precisamente, na fabricação de alumina pelo Processo Bayer, são encontrados os espessadores de prateleira (Fig. 2.6). Trata-se de uma série de espessadores, um sobre o outro, operados todos em paralelo ou em contracorrente. Usam-se até seis unidades, com o acionamento comum. O objetivo é economizar espaço na usina e evitar o desperdício de calor. As objeções à sua utilização são a redução da razão de espessamento, que cai à metade; a dificuldade de controle operacional, quando comparado com unidades singelas; e a diminuição da porcentagem de sólidos no *underflow*. Adicionalmente, a capacidade das fábricas de alumina tem aumentado muito, o que exige

Fig. 2.5 Acionamento do *rake* por monotrilho

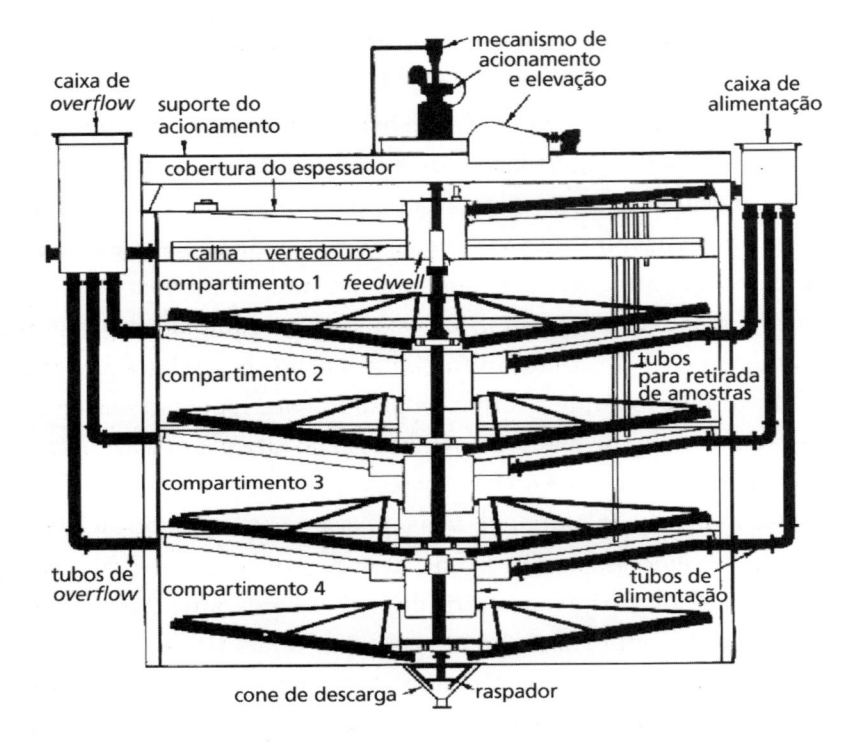

Fig. 2.6 Espessador de prateleira
Fonte: Keane (1979).

equipamentos cada vez maiores e dificulta a construção desse tipo de equipamento.

A parte mais cara do espessador é a máquina de acionamento do *rake*. Existem vários modelos:

♦ para pequenos espessadores (até 15 m de diâmetro), usam-se um pinhão e um sem-fim rodando sobre uma coroa diretamente acoplada ao eixo;

♦ para modelos maiores (até 50 m), usa-se um mecanismo análogo, duplo ou triplo, correndo dentro de uma coroa fixa;

♦ modelos ainda maiores exigem soluções mecanicamente mais complexas, como no caso dos *caissons*, ou de acionamento por pistões hidráulicos.

Todos esses modelos são sempre equipados com torquímetros e dispositivos de proteção, elevadores manuais ou automáticos do *rake* e indicadores da posição deste.

2.2 Equipamentos semelhantes

Existem dois equipamentos muito semelhantes aos espessadores e que frequentemente são confundidos com eles:

- *clarificadores*: utilizados em engenharia sanitária para o tratamento de água e na indústria química, quando se quer uma qualidade muito boa para o líquido sobrenadante (na engenharia mineral, o que se deseja é o adensamento do *underflow*. Apenas recentemente, a partir de um cuidado ambiental maior, é que passou a haver a preocupação com a qualidade do *overflow*). Os clarificadores são semelhantes em tudo a pequenos espessadores, exceto que a porção cilíndrica é mais longa e, como a quantidade de *underflow* a retirar é pequena e não importa se ele é ou não diluído, o bombeamento não requer cuidados especiais. Ou seja, a função primordial dos clarificadores é fornecer um *overflow* isento de sólidos, ao passo que a dos espessadores é fornecer um *underflow* adensado. Muitas vezes, o use do *rake* é desnecessário e ele sequer existe.
- *hidroclassificadores*: utilizados na classificação de materiais muito finos, como argilas. Nesse equipamento, há uma injeção de água junto à descarga do *underflow*, de modo que se forma uma corrente ascendente, que elutria as partículas abaixo de um diâmetro de corte pré-definido, descarregando-as na calha do *overflow*. As partículas mais grosseiras afundam e conseguem atravessar o fluxo ascendente de água, descarregando pelo *underflow*. Ou seja, hidroclassificadores são elutriadores, e nada têm a ver com espessadores.

2.3 Mecanismos do espessamento [1]

2.3.1 Fundamentos

O conhecimento do processo de espessamento foi desenvolvido a partir da análise do comportamento da sedimentação de partículas sólidas em polpas diluídas. A maneira clássica de fazer essa análise é por meio de ensaios em tubos longos ou curtos (provetas) graduados.

Os comportamentos típicos dos ensaios são mostrados na Fig. 2.7, que ilustra três situações diferentes, descritas a seguir.

Uma coluna de polpa, inicialmente com concentração de sólidos uniforme, é deixada decantar. Forma-se uma zona clarificada sobrenadante e passa-se a acompanhar o movimento descendente da interface entre essa zona clarificada (A) e a suspensão (B). No fundo da proveta (B), nota-se outra fase, de polpa muito densa, correspondente às partículas que já chegaram ao fundo.

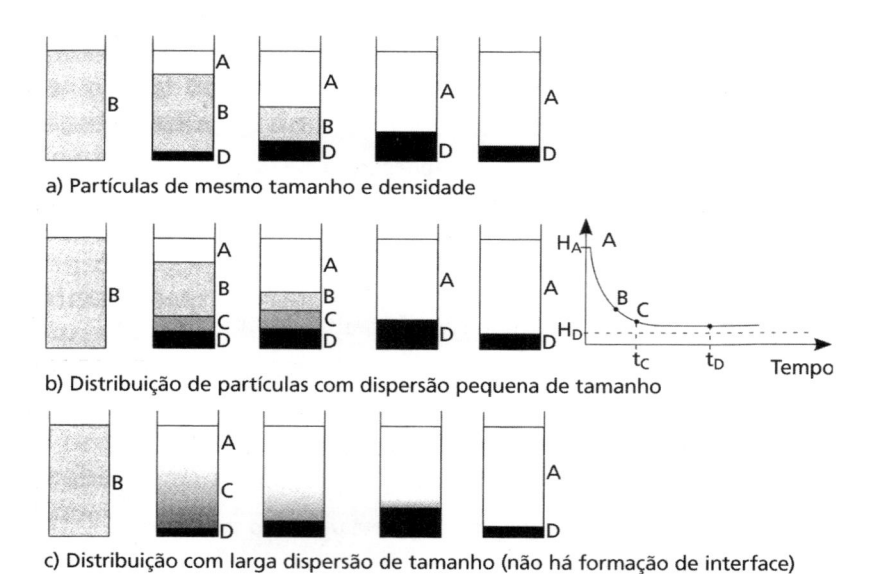

a) Partículas de mesmo tamanho e densidade

b) Distribuição de partículas com dispersão pequena de tamanho

c) Distribuição com larga dispersão de tamanho (não há formação de interface)

Fig. 2.7 Ensaio de espessamento

---

1. A autoria da presente seção é de Eldon Azevedo Masini e Arthur Pinto Chaves

A primeira situação (representada pela Fig. 2.7A) vale para polpas que formem suspensões homogêneas, isto é, com partículas de diâmetros parelhos (faixa granulométrica estreita) e mesma densidade, ou, então, com porcentagem de sólidos suficientemente elevada para haver densidade de polpa ou viscosidade tais que ocorra um efeito levigador sobre todas as partículas.

Iniciado o ensaio, notam-se três fases dentro da proveta: uma fase clarificada, a alimentação do ensaio e uma fase adensada ao fundo. A interface entre a zona clarificada e a alimentação desce, e a interface entre a alimentação e o depósito no fundo sobe. A altura da zona de concentração inicial vai diminuindo e, em dado momento, desaparece – restam apenas as zonas clarificada e adensada. A interface entre ambas desce cada vez mais lentamente, até estacionar.

A Fig. 2.7B mostra o que acontece quando a distribuição granulométrica não é tão estreita: existe uma pequena dispersão de tamanhos. Nessa condição, além das fases de polpa do caso anterior (alimentação, depósito no fundo e zona clarificada), nota-se uma zona de transição entre a zona de alimentação e o depósito no fundo. A interface entre a zona clarificada e a alimentação desce, e a interface entre a alimentação e o depósito no fundo sobe (o volume dessa fase aumenta). A altura da zona de alimentação vai diminuindo e, em dado momento, desaparecem as zonas de alimentação e de transição – restam apenas as zonas clarificada e adensada. Semelhantemente ao caso anterior, a interface entre ambas desce cada vez mais lentamente, até estacionar.

A parte inferior da Fig. 2.7C mostra o que acontece quando a distribuição granulométrica é ampla: não se forma uma interface nítida entre a zona de alimentação e a zona clarificada, e a zona de transição não é nítida. Forma-se um gradiente de concentração de sólidos que diminui de baixo para cima.

Com polpas com concentração elevada de sólidos e partículas de mesma densidade, nota-se comportamento semelhante ao mostrado na Fig. 2.7A.

A única feição que se pode acompanhar visualmente é que a zona adensada no fundo vai crescendo, até desaparecer o gradiente de concentrações, restando apenas as zonas clarificada e adensada. A exemplo dos casos anteriores, a interface entre ambas continua a descer cada vez mais lentamente, até estacionar.

Para polpas que sedimentam produzindo depósitos altamente compressíveis, a proveta não é suficientemente representativa, e prefere--se utilizar tubos longos (3 m) para simular alturas de colunas em compressão.

Essas descrições, ainda que limitadas por condições particulares, sempre foram e continuam sendo de grande valia para o entendimento do que ocorre durante a sedimentação. Elas têm sido utilizadas para identificar e quantificar as principais condições e variáveis que governam o processo.

Tradicionalmente os resultados dos ensaios de espessamento são expressos pela chamada curva de espessamento, que, na realidade, é a curva de subsidência da interface entre a zona clarificada e as demais zonas dentro da proveta. Essa curva é mostrada à direita na Fig. 2.7B.

Esse comportamento corresponde, porém, ao caso particular, em que as partículas de mesma densidade têm uma distribuição granulométrica restrita, pequena tendência à floculação e a polpa é diluída. Quando a faixa de tamanhos de partículas é ampla, ou a porcentagem de sólidos é baixa, a interface entre 4 e 1 pode não ser nítida. Descrições semelhantes são encontradas na literatura (Coe; Clevenger, 1916; Wallis, 1963; Kelly; Spottiswood, 1982).

Ao colocar-se num diagrama a altura da interface em função do tempo decorrido, obtém-se um gráfico semelhante ao mostrado à direita na Fig. 2.7B: nota-se um período inicial em que parece não estar acontecendo nada, correspondente à formação de flocos de partículas; segue-se uma linha reta, correspondente à zona em que os flocos (ou as partículas) sedimentam com velocidade uniforme; há um trecho de transição e, por fim, outra linha curva, correspondente à zona de compactação do espessado. Finalmente, a altura da interface se estabiliza e não muda mais.

No desenho da curva de espessamento, designamos os pontos de inflexão por A, B, C e D. É importante salientar que AB é um segmento de reta, e que o trecho adiante de D é uma reta paralela ao eixo das ordenadas. BC é uma curva de concordância entre AB e CD. CD é um segmento de curva cuja lei é diferente da lei da curva BC. Ou seja, formados os flocos (o que pode até nem ocorrer, dependendo da natureza das partículas sólidas e das condições elétricas da polpa), estes passam a sedimentar, em regime chamado de "sedimentação livre" (as aspas são colocadas porque o regime NÃO É DE QUEDA LIVRE. As partículas sofrem a ação do líquido ascendente. É, portanto, a sedimentação perturbada do Tratamento de Minérios. Nessa fase, a velocidade da sedimentação é constante (por isso, no diagrama H × t, o trecho é reto).

Conforme o floco ou partícula afunda, sua velocidade passa a diminuir em razão das interferências de outros flocos ou partículas, e do atrito com a água deslocada para cima pelo movimento descendente dos sólidos. Essas interferências aumentam conforme o volume do espessado diminui. Ao mesmo tempo, o volume do líquido em torno da partícula é menor, pois o líquido foi removido para um nível mais elevado. A sedimentação nessa zona mais densa ocorre em regime de sedimentação perturbada. Finalmente, chega-se a um estágio em que as partículas estão em contato, umas sobre as outras, e adensamentos adicionais só se conseguem por causa da compressão das partículas subjacentes decorrente do peso das partículas suprajacentes. Nessa fase, a velocidade de abaixamento da interface, ou melhor, de compactação, é bastante menor.

Em outros casos, ocorre uma situação especial, em que as partículas (ou flocos), mesmo sendo heterogêneas, se unem umas às outras e formam uma estrutura que afunda em conjunto, aprisionando outras partículas durante o percurso descendente. Todas as partículas, então, sedimentam juntas (mesma velocidade de sedimentação) e forma-se uma interface nítida entre a fase sedimentante e o sobrenadante. Peres,

Coelho e Araujo (1980) chamam esse regime de *sedimentação por fase*. Nessa etapa, o líquido em torno das partículas (ou flocos) é empurrado para cima pelo movimento descendente delas, quase como se estivesse ocorrendo uma filtragem da água através do leito descendente de partículas.

O *regime de sedimentação por fase*, como já mencionado, ocorre com partículas floculadas. Ocorre também quando a concentração de partículas na polpa aumenta e atinge-se uma condição em que cada partícula está em contato com as vizinhas e elas descem em conjunto, aprisionando as demais nessa estrutura e fazendo-as afundar com a mesma velocidade. Forma-se uma interface nítida entre a polpa em sedimentação e o líquido sobrenadante, como mostra a Fig. 2.9, sem a zona D (depósito do fundo), que se notava na Fig. 2.7.

O *regime de compressão* acontece quando as partículas se encontram tão adensadas que uma está em contato com as outras e o adensamento só pode ocorrer por causa da compactação do conjunto em decorrência do peso das partículas suprajacentes. Para polpas que produzem sedimentos altamente compressíveis, tubos longos (3 m) são empregados para simular altura de colunas em compressão.

No estágio de compressão é que se notam as ações já mencionadas do *rake*, agitando mansamente a polpa já compactada, promovendo a melhor acomodação das partículas, permitindo a eliminação de bolsas d'água e bolhas de ar, e ainda, de quebra, mantendo a suspensão estável.

No espessador contínuo (Fig. 2.10), podem-se observar camadas de polpa representando as mesmas zonas, com a diferença essencial

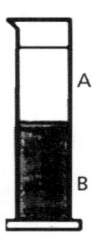

Fig. 2.8 Clarificação de partículas dispersas   **Fig. 2.9** Sedimentação por fase

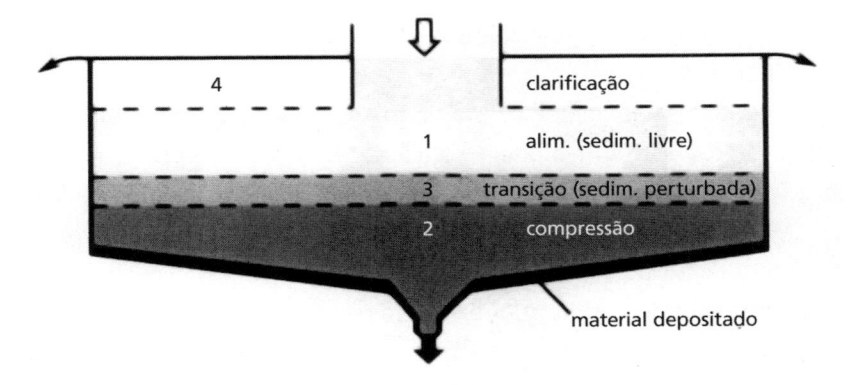

Fig. 2.10 Espessamento contínuo

de que *underflow* e *overflow* descarregam continuamente: a polpa é alimentada pelo *feedwell* na zona 1. As partículas (ou flocos) iniciam seu movimento descendente e a água, o seu movimento ascendente. A zona 1 corresponde à zona de sedimentação livre; a zona 3, à zona de transição e, na zona 2, no fundo do espessador e sob a ação do *rake*, ocorre a compressão do espessado. Na zona 4 ocorre a clarificação do *overflow*. King (1980) chama a atenção para o fato de que essa descrição (embora aceita por todos) é mais acadêmica do que realista, pois as características que distinguem cada zona não são discerníveis, exceto a concentração de sólidos crescente.

2.3.2 Fenômenos que ocorrem no espessamento

O movimento de uma partícula sólida dentro de uma polpa é afetado pelas forças de gravidade, pelo empuxo do líquido deslocado e pelas forças de atrito que se desenvolvem entre líquido e partícula. Essas forças são influenciadas pelos seguintes fatores:
- propriedades da polpa: densidade e viscosidade;
- propriedades da partícula: tamanho, forma, densidade e rugosidade da superfície;
- propriedades do sistema: porcentagem de sólidos e estado de dispersão das partículas, pH e presença de coagulantes ou floculantes;

♦ geometria do equipamento, especialmente a proximidade das paredes.

Verifica-se, pois, que o fenômeno do espessamento é muito complexo. Não existe um modelo suficientemente bom para permitir a previsão do comportamento do minério ou concentrado com precisão.

É importante salientar que os termos "sedimentação livre" e "sedimentação perturbada", conforme utilizados em espessamento, não correspondem exatamente aos mesmos conceitos utilizados no tratamento teórico da classificação em água. Kelly e Spottiswood (1982) fizeram a correlação mostrada na Fig. 2.11.

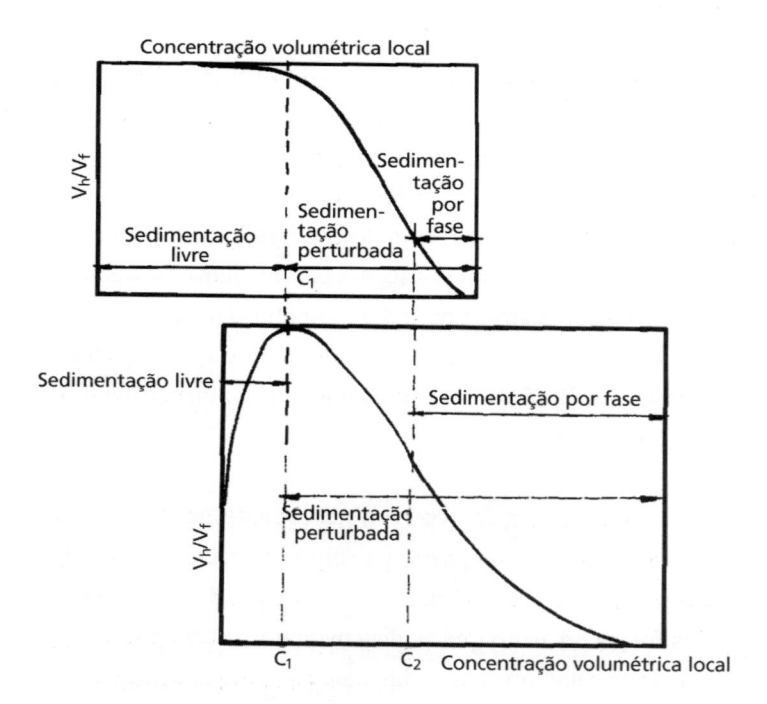

Fig. 2.11 Condições de sedimentação
Fonte: adaptado de Kelly e Spottiswood (1982).

Podemos concluir então que, na prática, a sedimentação das partículas durante o espessamento acontece segundo três regimes distintos, denominados de clarificação, sedimentação por fase e compressão. A

Fig. 2.12 mostra que esses regimes são governados pela densidade da polpa e pela tendência que as partículas têm de flocular. Na ordenada, a concentração de sólidos cresce de cima para baixo e na abscissa, a tendência à floculação cresce da esquerda para a direita.

O *regime de clarificação*, portanto, predomina em situações de altíssima diluição de polpa, pois as partículas estão distantes umas das outras e podem sedimentar praticamente sem interferências mútuas. Se uma partícula maior afunda mais rapidamente e colide com outra partícula, e se há tendência para a formação de flóculos, as duas se agregam e passam a sedimentar com velocidade ainda maior. Se não há essa tendência, após a colisão as duas partículas continuam seu movimento individual, sem interferências mútuas, cada uma com sua velocidade própria.

É possível distinguir visualmente a clarificação de agregados da clarificação de partículas dispersas. Nesse caso, as partículas de maior

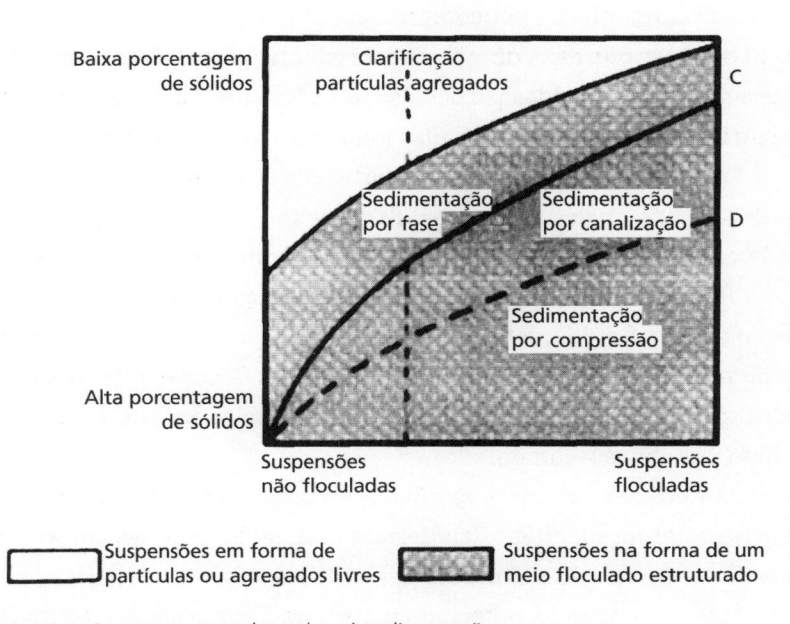

Fig. 2.12 Comportamento das polpas à sedimentação
Fonte: adaptado de Peres, Coelho e Araújo (1980).

velocidade sedimentam antes e as mais lentas, sucessivamente depois. Forma-se uma interface no fundo da proveta, que vai subindo à medida que novas partículas chegam ao fundo, como mostrou a Fig. 2.8. Não se forma uma interface nítida entre o material que afunda e o líquido sobrenadante, e sim uma zona difusa.

À medida que aumenta a quantidade de partículas presentes na polpa ou a quantidade de partículas floculadas, isto é, unidas umas às outras, essa liberdade que as partículas tinham de comportar-se de modo independente vai diminuindo.

Chega-se a uma situação em que elas formam uma estrutura plástica que sedimenta em conjunto e aprisiona as partículas que estavam num nível inferior dentro da polpa, obrigando-as a sedimentar junto, com a mesma velocidade. Forma-se uma fase que sedimenta em conjunto, caracterizando a sedimentação por fase. A ação de floculantes de cadeia molecular longa causa o mesmo fenômeno, como será visto adiante.

Na sedimentação por compressão, as partículas (ou flocos) estão umas sobre as outras. A diminuição de volume ocorre tão somente por causa da compressão das partículas (ou flocos) que estão por baixo, em decorrência do peso das partículas (ou flocos) que estão por cima.

Como será discutido adiante, partículas floculadas por floculantes de elevado peso molecular formam flocos soltos, com muita água aprisionada entre elas. O mesmo pode acontecer com partículas floculadas naturalmente e sedimentadas em sedimentação por fase, em que a fase plástica afundou, retendo muita água no seu interior. O peso das camadas suprajacentes pode arrebentar esses flocos e libertar a água neles contida. Essa água ascende, formando canais verticais ao longo da coluna de sólidos sedimentados.

A interface entre a fase clarificada e a polpa adensada é nítida, e podem-se notar na superfície da interface ondulações e cones vulcânicos, que são a terminação dos canais por onde sai a água.

Esse fenômeno foi detectado por vários pesquisadores (Michaels; Bolger, 1962; Fitch, 1966a, 1966b; Scott, 1968) e identificado por Kos

(1980) como um regime intermediário entre a sedimentação por fase e a compressão, denominado por ele de sedimentação por canalização.

2.4 Tratamento teórico[2]

Os primeiros conceitos sobre o espessamento foram estabelecidos por Coe e Clevenger (1916). Analisando ensaios feitos em vasilhas cilíndricas, eles verificaram que a velocidade de sedimentação da interface depende da concentração inicial da polpa. Foram também os primeiros a notar as descontinuidades do andamento da curva de espessamento, e a subdividi-la nos trechos característicos. O conceito do ponto crítico (*critical settling point*) também foi estabelecido por eles: é o instante em que a polpa passa para a zona D (Fig. 2.10). Mais precisamente, é o ponto da curva de espessamento que representa a posição da superfície da zona D no instante em que as zonas B e C desaparecem. Segundo esses pesquisadores, a partir desse momento, qualquer eliminação adicional de líquido da polpa adensada só pode acontecer pela ação das forças de compressão das partículas suprajacentes.

Foram Coe e Clevenger que identificaram as zonas de sedimentação (A, B, C e D). Eles conceberam dois regimes de espessamento:
- ♦ o primeiro, denominado sedimentação livre (*free settling*), no qual as partículas ou agregados se movimentam livremente através do líquido, sem sofrer influência das partículas das camadas superiores, ainda que possam existir pontos de contacto (referindo-se a agregados);
- ♦ o outro, denominado regime de compressão, no qual partículas ou agregados permanecem em contato uns sobre os outros, de tal forma que forças mecânicas de sustentação são transmitidas (zona D).

No regime de sedimentação livre, a velocidade de sedimentação varia apenas com a concentração de sólidos na polpa. Os referidos

---

2. A autoria da presente seção é de Eldon Azevedo Masini

autores utilizam o termo "zona de transição" para identificar a condição em que as partículas sedimentantes sofrem alteração sucessiva de velocidade (concentração).

Na visão da Fig. 2.12, esse ponto crítico corresponde à passagem do regime de sedimentação livre/perturbada para a sedimentação por fase. Antes do ponto C, as partículas estão separadas umas das outras; após o ponto C, elas estão umas junto das outras, formando uma fase contínua. Ou seja, passaram do regime de clarificação para o regime de sedimentação por fase.

O ponto crítico, passagem do regime de transição para o de compressão, é também chamado de ponto de compressão. Aqui, ele será sempre representado por C.

Mais precisamente, o ponto crítico é o evento que corresponde à posição superior da zona D no instante do desaparecimento da zona C. A partir desse ponto, qualquer eliminação de líquido da polpa só acontece devido à compressão das partículas subjacentes em decorrência do peso das partículas suprajacentes.

Coe e Clevenger verificaram ainda que, para cada concentração inicial da polpa, a velocidade de sedimentação tem um valor constante, variando apenas se a concentração de sólidos for alterada. Eles constataram também que, na compressão, a velocidade de subsidência é função aproximada do tempo, quando se trata de polpas defloculadas, tipicamente produtos de moagem de minérios. Já com produtos de precipitação a partir de reações químicas, a variável tempo não é suficiente para, sozinha, reger o fenômeno.

Embora a análise feita por Coe e Clevenger seja bastante racional, o primeiro pesquisador a formular uma teoria de fácil compreensão sobre o espessamento foi um matemático, Kynch (1952).

Vários pesquisadores procuraram verificar esse tratamento. Aos interessados, recomendamos os trabalhos de Moncrieff (1964); Yoshioka, Hotta e Tanaka (1955); Gaudin, Fuersteneau e Mitchell (1959); Shannon, Stroupe e Tory (1963); Fitch (1966b) e Hasset (1970).

2 Espessamento

A análise de Kynch fundamenta-se na propagação unidirecional de camadas densas de partículas, que surgem no fundo de um recipiente, com consistência cada vez mais densa e de menor fluxo de sedimentação de sólidos, sempre que uma coluna de partículas sólidas dispersas, inicialmente de concentração uniforme, é deixada decantar.

De forma simplificada, a teoria de Kynch é feita para suspensão ideal, isto é, na qual:

- as partículas sólidas são pequenas em relação ao recipiente e homogêneas (tamanho, densidade e forma);
- os componentes e a suspensão são incompressíveis;
- não há transferência de massa entre componentes;
- a velocidade de sedimentação, em qualquer ponto da suspensão, é função apenas da concentração de partículas no local.

Observe as correlações estabelecidas na Fig. 2.13. Nessa representação, v é o valor da velocidade de sedimentação das partículas na

zona A — A — fase clarificada

zona B — B — suspensão homogênea na concentração inicial

zona C — zona de propagação de camadas concentradas de partículas ascendentes, que surgem no fundo, com concentração cada vez mais densa e de menor fluxo de sólidos

zona D de material sedimentado

camada 1	$C - \Delta C$	$C \cdot v - \Delta(C \cdot v)$	V_L
camada 2	C	$C \cdot v$	
	concentração	fluxo de sedimentação	

V_L é a velocidade de propagação da interface entre a camada de concentração (C) e (C - ΔC)

v é o valor da velocidade de sedimentação das partículas na concentração C. C é a concentração em massa de sólidos por unidade de volume

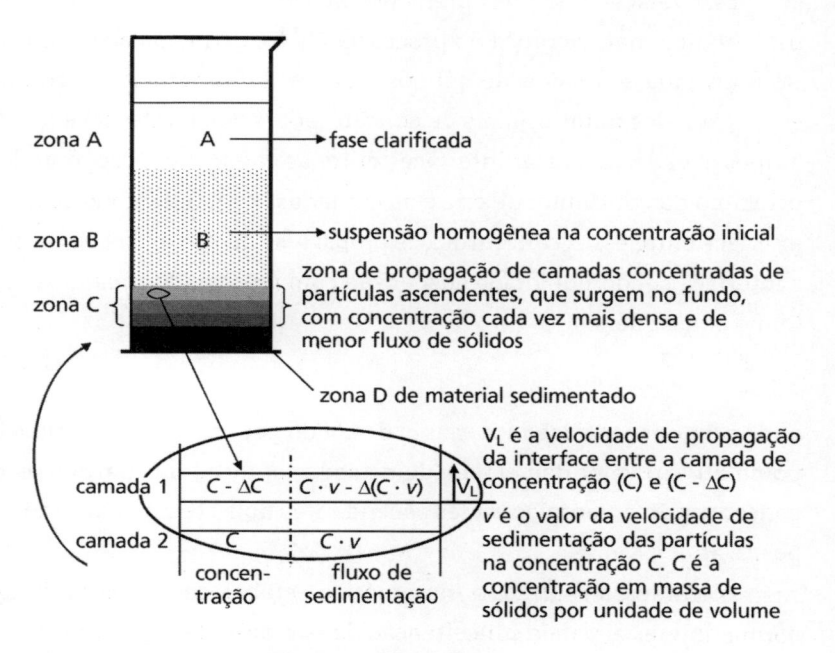

Fig. 2.13 Teoria de Kynch (suspensões homogêneas)

camada de concentração c; c é a concentração em massa de sólidos por unidade de volume de polpa:

a) O fluxo de sólidos que deixa a camada 2 é resultado da queda das partículas ($C \cdot \nu$) mais o fluxo devido à propagação ascendente da camada 2, igual a ($C \cdot V_L$);

b) O fluxo de sólidos que deixa a camada 1 é resultado da queda das partículas, $C \cdot \nu - \Delta(C \cdot \nu)$, mais o fluxo devido à propagação ascendente da camada 1, igual a $(C - \Delta C)V_L$;

Como as concentrações permanecem constantes, o fluxo de sólidos através das camadas são iguais:

$$[C \cdot \nu + C \cdot V_L] = [C \cdot \nu - \Delta(C \cdot \nu) + (C - \Delta C) \cdot V_L] \quad (2.1)$$

ou

$$V_L = -[\Delta(C \cdot \nu)]/[\Delta C] \quad (2.2)$$

Essa relação foi apresentada por Kynch por meio de uma análise matemática mais rigorosa do processo. Ela foi deduzida ao descrever-se a entrada e a saída de sólidos através da superfície de contato entre camadas infinitesimais de concentrações constantes (c) e (c − ∂c) (impossível de visualizar interfaces entre as camadas). Assegurando o princípio da continuidade entre as camadas, Kynch demonstra que a interface entre essas concentrações propaga-se do fundo da coluna para a interface sólido/líquido da suspensão com velocidade constante (V_L). Como consequência:

$$V_L = -(\partial \nu c/\partial c) \quad (2.3)$$

onde c é a concentração em massa de sólido por unidade de volume de polpa e ν é o valor da velocidade de sedimentação das partículas na concentração c. As velocidades ascendentes no sistema analisado são positivas.

Além dessa relação, o matemático estabelece outras de fundamental interesse para a conceituação da operação de espessamento de polpas.

A segunda relação foi estabelecida de maneira análoga. Kynch mostra que uma súbita e finita alteração da concentração (descontinuidade na coluna), num determinado nível da dispersão, gera uma interface que se propaga também na direção da interface sólido/líquido, com velocidade constante V_L dada pela equação:

$$V_L = \frac{\phi_1 - \phi_2}{c_2 - c_1} \qquad (2.4)$$

onde os subscritos 1 e 2 referem-se, respectivamente, aos pontos da dispersão acima e abaixo da descontinuidade.

O trabalho de Kynch traz, ainda, uma análise sobre a estabilidade das interfaces entre concentrações, destacando o potencial que as linhas de isoconcentração oferecem à interpretação e avaliação dos principais parâmetros das curvas de espessamento e de fluxo de sedimentação.

Kynch foi o primeiro pesquisador a mostrar como é conveniente a forma de representação de resultados de ensaios de espessamento dada pela curva de fluxo de sedimentação de sólidos (curva de fluxo de sedimentação). A curva é obtida por meio de um gráfico cartesiano, onde são lançados em ordenadas os valores de fluxo de sólidos ($\emptyset_c$) e em abscissas a concentração da camada de referência (c), como mostra a Fig. 2.14. Por exemplo, a velocidade de propagação da interface da camada de concentração, c_i, em contato com o líquido clarificado, c = 0, é dada pela tangente do segmento que une os pontos 0 e P_i da curva.

Pode-se dizer que a teoria da sedimentação proposta por Kynch não trouxe um novo conceito acerca do cálculo de dimensionamento de espessadores; tampouco entrou em contradição com as conclusões básicas estabelecidas por Coe e Clevenger. Entretanto, ela trouxe uma contribuição notável para o embasamento teórico e as interpretações dos diversos tipos de curvas de espessamento, ilustradas na Fig. 2.15.

A importância da teoria de Kynch pode ser avaliada com o auxílio da curva de espessamento mostrada na Fig. 2.7B e da curva de fluxo de sedimentação (Fig. 2.16).

A curva de espessamento mostrada na Fig. 2.7B e repetida na Fig. 2.17 é um caso particular correspondente a:

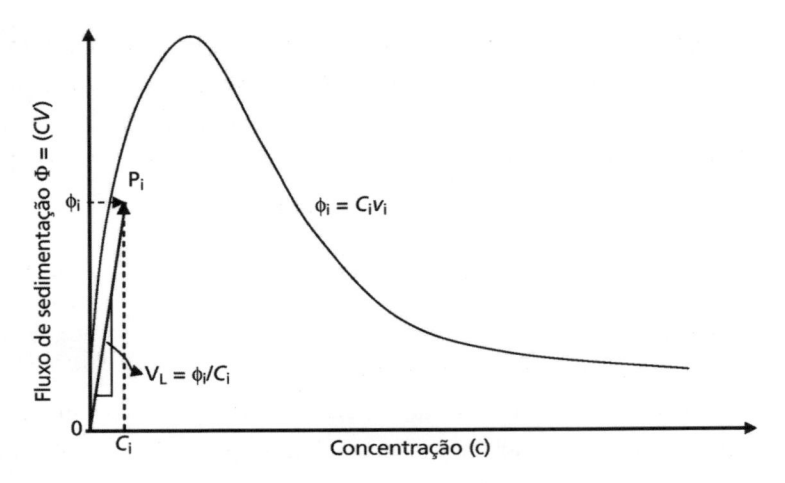

Fig. 2.14 Curva típica de fluxo de sedimentação

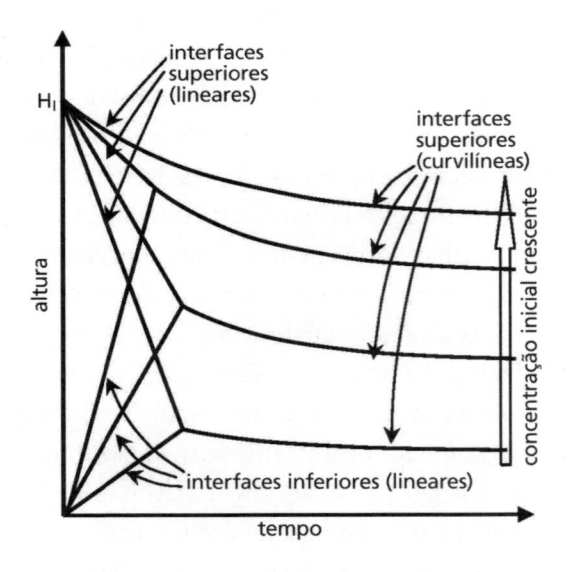

Fig. 2.15 Efeito da concentração inicial sobre a curva de sedimentação descontínua

- partículas com distribuição granulométrica restrita;
- partículas não floculadas ou formando flóculos pequenos;
- diluições médias, isto é, polpas não excessivamente diluídas nem

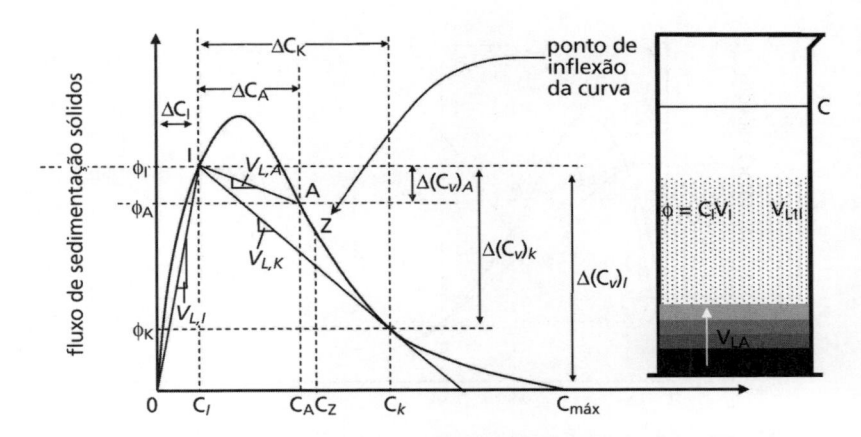

Fig. 2.16 Relação entre velocidade de propagação de uma camada e a curva de fluxo de sedimentação

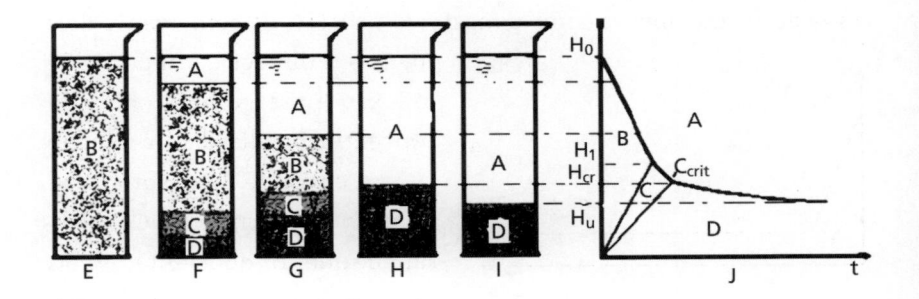

Fig. 2.17 Curva de espessamento

concentrações próximas às zonas de compressão ou de sedimentação por fase.

A Fig. 2.18 ajuda a entender o que acontece fora dessas condições.

No eixo das abscissas, temos as concentrações de polpa. Uma polpa com concentração 0 é água pura. Polpas diluídas estão à direita de C_I, aumentando sua concentração à medida que se deslocam para a direita, até atingir $C_{máx}$, que é a concentração máxima possível no espessamento daquele sólido.

O prolongamento do segmento de reta que parte de C_I e tangencia a curva de fluxo define o ponto K (C_k, φ_k) no ponto de tangência.

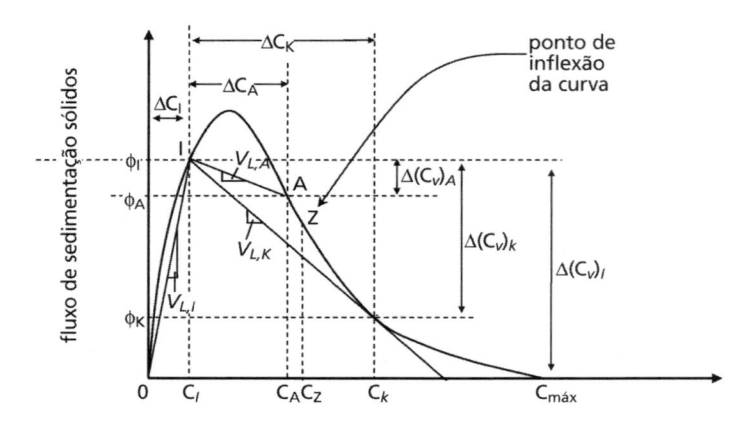

Fig. 2.18 Curva de fluxo de sedimentação

Qualquer polpa com concentração inicial entre 0 e C_I dará uma curva de espessamento como a mostrada na Fig. 2.19, com apenas dois trechos retilíneos e um ponto de inflexão (passagem da polpa da concentração inicial para a final).

A curva de fluxo sofre uma inflexão no ponto K. Considerando que o quociente $\delta\varphi/\delta C$ tanto é a inclinação da curva (tangente) como a velocidade de propagação das camadas de concentração crescente (do fundo para o topo), concluímos que, nesse ponto, a curva de fluxo é máxima (cresce até o ponto K e passa a diminuir após ele). O ponto K define, portanto, uma mudança de comportamento das polpas ou a fronteira entre polpas diluídas e densas.

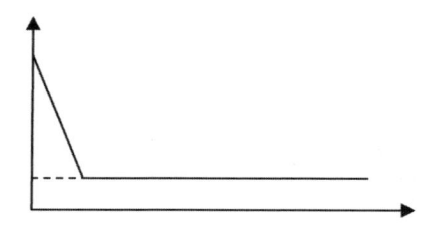

Fig. 2.19 Curva de espessamento de polpas diluídas

Qualquer polpa com concentração inicial superior a C_K dará uma curva de espessamento como a mostrada na Fig. 2.20, com apenas dois trechos e apenas um ponto de inflexão (passagem da polpa da concentração inicial para a final). O primeiro trecho é curvo.

Apenas as polpas com concentrações entre C_I e C_K terão o comportamento genérico da curva da Fig. 2.17.

A interface superior da polpa na concentração inicial C_I propaga-se para baixo à velocidade $V_{L,I}$, e a zona B de concentração C_I sedimenta com um fluxo $\varphi_I = C_I v_I$. Se a Fig. 2.16 representa a curva de fluxo da polpa, com base na Eq. 2.4, tem-se que a

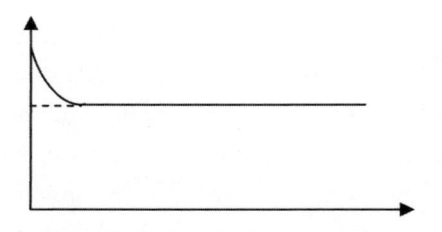

Fig. 2.20 Curva de espessamento de polpas concentradas

velocidade $V_{L,I}$ é a inclinação da linha a partir da origem (0) até o ponto $[C_I, C_I v_I]$. Como a inclinação é positiva, a velocidade é negativa, isto é, descendente. Por outro lado, no fundo do recipiente, depois de um intervalo de tempo infinitesimal, todas as camadas de concentrações a partir de C_I a $C_{máx}$ estão presentes. Cada uma delas se movimenta a partir do fundo, à velocidade dada pela Eq. 2.3. Por exemplo, na Fig. 2.16, a camada de concentração C_A move-se para cima com a velocidade $V_{L,A}$ igual a $\Delta(Cv)_A/\Delta C_A$ (como a inclinação do segmento IA é negativa, a velocidade na Eq. 2.3 torna-se positiva, isto é, ascendente).

A análise de concentrações maiores que C_A conjugadas com C_I mostra que ocorre uma camada de concentração C_K de velocidade $V_{L,K}$ mais rápida que as demais. Essa camada de movimento ascendente ultrapassa todas as demais camadas de concentração entre C_I e C_K, resultando uma descontinuidade ou clara interface entre as duas camadas (zonas B e C ou D), desde que essas duas concentrações não se alterem.

Antes que as duas interfaces se encontrem, as concentrações na interface permanecem, acima, na concentração C_I, e abaixo, alternando-se de C_K no topo para $C_{máx}$ no fundo. Depois de um tempo t_z, existe apenas uma única interface, acima dela, sem partículas, e, a partir daí, as partículas sedimentando na velocidade da polpa de concentração, logo abaixo da interface. A velocidade de sedimentação da interface agora se mostra vagarosa, ou seja, com a velocidade das camadas de menor movimentação, $C > C_K$, que sucessivamente atingem a interface, vindas do fundo da coluna. Essas camadas ascendem com velocidade dada por $d(C_V)/dC$, isto é, de valor negativo, dado pelo valor da inclinação do segmento tangente à curva de fluxo de sedimentação.

O valor máximo possível de $V_{L,K}$ é $V_{L,Z}$, e isso ocorre quando a concentração inicial está no ponto de inflexão da curva de fluxo de sedimentação, ou seja, $C_I = C_Z$, como mostra a Fig. 2.16. Logo, se C_I é maior que C_Z, não ocorrerão duas interfaces, porque todas as demais têm velocidades menores e, nessas condições, a curva de sedimentação é uma função contínua do tempo. A sedimentação livre (*hindered settling*) em espessamento ocorre quando C excede C_Z, e, nessas condições, mesmo com suspensões não homogêneas, o material sedimenta, mostrando uma nítida interface com líquido clarificado. Nesse caso, assume-se que a velocidade de sedimentação é uma função apenas da concentração, o que é a base de diversas técnicas de dimensionamento de espessadores.

Na prática, diversas polpas, particularmente as floculadas, exibem compressão e não se propagam do fundo com velocidade constante. Comportamentos não ideais, a exemplo desse, são detectados ao elaborar-se curvas experimentais de fluxo usando diferentes concentrações iniciais e/ou alturas de colunas.

As correlações fundamentais para o dimensionamento de operações de espessamento derivadas dos conceitos estabelecidos por Kynch podem ser avaliadas com o auxílio da curva de espessamento e da curva de fluxo de sedimentação correspondente.

Na Fig. 2.21, a região L representa o líquido clarificado (zona A); a região $0BH_0$ (zona B), a polpa na concentração inicial; a região 0BE, a polpa com concentração crescente em profundidade e no tempo (zonas C e D); e H_0 e C_I, a altura e a concentração inicial da suspensão.

A velocidade de propagação da interface entre as zonas A e B, admitidas as premissas de Kynch, é dada pela relação (Fig. 2.18):

$$V_{L,A,B} = \frac{(\phi_{líq} - \phi_I)}{(C_I - C_{líq})} = -\left(\frac{\phi_I}{C_I}\right) = -tg0B \qquad (2.5)$$

O termo ($\frac{\phi_I}{C_I}$) pode ser determinado pelo valor da inclinação da corda $\overline{OB}$ (Fig. 2.22), que une os pontos definidos pelas coordenadas

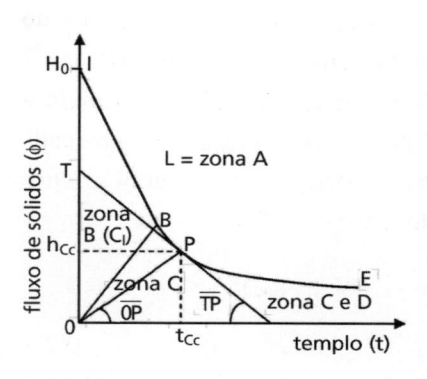

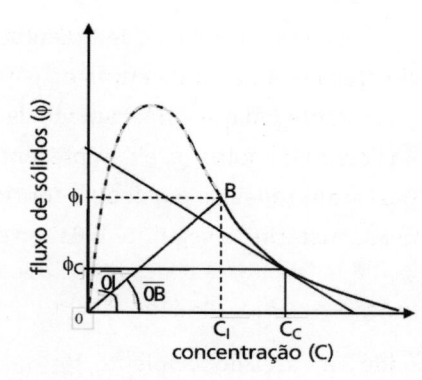

Fig. 2.21 Curva de espessamento

Fig. 2.22 Curva de fluxo de sedimentação

($\varphi_{líq} = 0$; $C_{líq} = 0$) e (φ_I; C). Quando esse valor é positivo, a velocidade da interface entre a zona A e B ($V_{L,A,B}$) é negativa e, portanto, propaga-se para o fundo do recipiente. Com base na Fig. 2.17, o valor dessa velocidade é calculado pela inclinação do ramo retilíneo IB da curva de espessamento. Quando o valor da inclinação é negativo, a velocidade também é negativa, isto é, o movimento da interface é de subsidência.

Segundo Kynch, a velocidade das interfaces entre camadas de concentração infinitesimal, que surgem no fundo da coluna da suspensão em sedimentação e se deslocam através da polpa até atingirem a superfície da coluna, é dada pela seguinte relação:

$$V_{L,A,B} = \operatorname{tg} AB = v_{CI} \qquad (2.6)$$

É fácil verificar que o termo $\frac{\partial \phi_c}{\partial c}$ na Fig. 2.18 pode ser avaliado pelo valor da inclinação da tangente à curva no ponto (φ_c; C_c). Quando esse valor é negativo, a velocidade da camada de concentração C_c é positiva e, portanto, ascendente.

Na Fig. 2.21, essa velocidade é dada também pelo valor da inclinação do segmento de reta, que tem origem no ponto (0;0) e encontra a curva de espessamento no ponto P, cuja velocidade é dada por:

$$V_{L,c,c+\partial c} = -\frac{\partial \phi_c}{\partial c} = \operatorname{tg} OP = hCc/tCc \qquad (2.7)$$

A curva de fluxo de sedimentação de uma polpa ou parte dela pode ser traçada a partir da curva de espessamento. Kynch demonstra que, no instante em que uma camada de concentração C_c atinge a superfície da coluna de polpa (p. ex., representado pelo ponto P), por essa camada passaram todas as partículas contidas no ensaio. Consequentemente, nesse instante, o seguinte balanço de massa é válido:

$$C_I \cdot H_0 \cdot S = C_c \cdot t_c \cdot (v_c + V_{L,c,c+\partial c})S \qquad (2.8)$$

onde S é a área do recipiente; $V_{L,c,(c+\partial c)} = \text{tg OP} = h_{Cc}/t_{Cc}$ é a velocidade ascendente de propagação da camada de concentração – que também é, nesse instante, a velocidade de subsidência da interface sólido/líquido e, portanto, é dada pelo valor da inclinação do segmento de reta TP tangente à curva de espessamento tgTP. Dessas identidades, na Eq. (2.8), resulta:

$$C_I \cdot H_0 \cdot S = C_c \cdot t_{Cc} \cdot (v_c + V_{L,c,c+\partial c})S$$

$$C_I \cdot H_0 = C_c \cdot (t_{Cc} \cdot v_c + t_{Cc}h_{Cc}/t_{Cc}) \qquad (2.9)$$

$$C_I \cdot H_0 = C_c \cdot (t_{Cc} \cdot v_c + h_{Cc})$$

Da Fig. 2.21, verifica-se que $t_{Cc} \cdot v_c = (OT - h_{Cc})$. Portanto:

$$C_I \cdot H_0 = C_c \cdot (OT - h_{Cc} + h_{Cc}) \qquad (2.10)$$

ou

$$C_I \cdot H_0 = C_c \cdot OT \qquad (2.11)$$

Essa relação mostra que é possível, a partir da curva de espessamento, determinar a concentração C_c da camada situada justamente abaixo da zona A. O valor da velocidade de sedimentação dessa camada é igual ao da inclinação do segmento tangente à curva no ponto considerado.

2.5 Dimensionamento de espessadores[3]

Um espessador deve atender a diferentes necessidades de operação:

a) deve ter a capacidade necessária de produção, nas condições determinadas pelo processo produtivo, e ser capaz de atender à demanda da usina. Isso é definido pela razão de espessamento;

b) deve fornecer o *underflow* dentro da porcentagem de sólidos adequada. Isso pode ser definido pelo adensamento máximo possível, ou então, pelas características reológicas da polpa – capacidade de ser bombeada. Um dos parâmetros que governam essa característica é o tempo de residência;

c) modernamente, deve fornecer um *overflow* clarificado.

Dimensionar espessadores é, pois, basicamente, determinar as suas características geométricas (área e profundidade), para que o serviço desejado (atender à vazão e atingir a porcentagem de sólidos desejada no *underflow*) possa ser executado com segurança. Nesse cálculo, o espessador é tratado como se fosse um cilindro, desprezando-se o volume da porção cônica.

O ideal é haver a experiência anterior com o espessamento industrial desse mesmo material. Na sua falta, o único método possível é com base na curva de espessamento determinada em ensaios *batch*. Se o material foi obtido da operação de usina-piloto, a segurança é maior do que quando o material é obtido de ensaios descontínuos.

Existem espessadores para usina-piloto, mas eles não permitem o *scale up* necessário para um bom projeto.

2.5.1 Ensaio de espessamento

O ensaio de espessamento é padronizado e já aparece descrito em Taggart (1927): numa proveta de 2.000 mL é colocada uma amostra representativa da polpa a ser espessada. Com um agitador, a polpa

---

3. A autoria da presente seção é de Eldon Azevedo Masini e Arthur Pinto Chaves

é agitada energicamente até colocar todas as partículas sólidas em suspensão. No momento em que o agitador for retirado da polpa, o cronômetro é acionado e passa-se a registrar o tempo decorrido e a altura da interface.

A Fig. 2.23 é uma planilha utilizada para registrar esses valores, preenchida com resultados reais. Nela aparece uma "constante da proveta", utilizada para transformar as leituras volumétricas em medidas de altura da interface. Um artifício muito útil e que permite maior precisão é o de colar uma fita de papel milimetrado na proveta e sobre ela marcar a posição da interface nos tempos desejados. Especialmente nos instantes iniciais, a interface se move muito rapidamente e é difícil de acompanhá-la de outra maneira. A leitura direta das marcas fornecerá a altura em milímetros.

Esse ensaio, embora aparentemente muito simples, serve de base para o dimensionamento de espessadores de qualquer tamanho. Serve também para o estabelecimento das condições ótimas de operação (pH, porcentagem de sólidos e dosagem de floculantes). Como já foi mencionado, ensaios-piloto de espessamento não são considerados representativos pelos especialistas.

A principal dificuldade do ensaio reside na diversidade de comportamento das polpas. A Fig. 2.24 mostra curvas típicas de espessamento de polpas de igual natureza, refletindo a predominância de algum ou a ocorrência conjunta dos mecanismos descritos. Em alguns casos, o sobrenadante mostra-se tão turvo que fica difícil distinguir a interface. A curva mostrada na Fig. 2.7B tem o andamento mais típico. A zona A representa o líquido já clarificado. Na zona B, as partículas estão em "*sedimentação livre*" e a zona D corresponde às partículas já sedimentadas, em *regime de compressão*. Ou seja, enquanto na zona B o movimento descendente das partículas é rápido porque elas estão muito distantes umas das outras, na zona D isso não acontece: elas estão muito próximas umas das outras, em contato físico, e só se adensam adicionalmente pela ação do peso das partículas suprajacentes, que as empurra para

PROJETO: exemplo	Resp.: Iberê		
			Local: EPUSP
			Data: 15/1
			contrato
CLIENTE: exemplo			
MATERIAL: sem deslamar	AMOSTRA C -4		
ORIGEM			
	MEDIDAS DE ESPESSAMENTO		
OBJETO DO ENSAIO	tempo	altura	altura
	(min)	(mL)	(ft)
	0,5	85.	0,91
DENSIDADE DO SÓLIDO	1,0	785	0,84
DENSIDADE DA POLPA: 1,35	1,5	720	0,77
% sólidos inicial: 37,0	2,0	670	0,72
% sólidos final: 70,7	2,5	610	0,65
pH 7,72	3,0	550	0,59
DISTRIBUIÇÃO GRANULOMÉTRICA	3,5	495	0,53
-100#	4,0	460	0,49
100 200#	4,5	430	0,46
200 325#	5,0	400	0,43
325#	6,0	360	0,39
	7,0	335	0,36
FLOCULANTE: nenhum	8,0	315	0,34
marca	9,0	300	0,32
diluição	11,0	290	0,31
mL adicionados	15,0	285	0,30
	20,0	282	0,30
UNDERFLOW:	30,0	282	0,30
volume não decantado:	45,0	282	0,30
peso da proveta cheia: 1670 g	60,0	282	0,30
tara: 523 g			
peso da polpa: 1147 g			
peso dos sólidos: 367 g			
densidade do sobrenadante:			
densidade dos sólidos:			
CONSTANTE DA PROVETA (ft/mL): 0,00107			

Fig. 2.23 Ensaio de espessamento

baixo. A água que estiver nos interstícios flui para cima através dos espaços entre as partículas.

Existe uma *zona de transição* entre dois estados, que é a zona C. Aqui a distância entre as partículas já diminuiu a ponto de o movimento

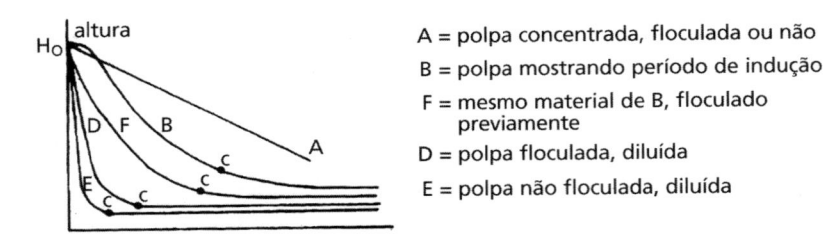

A = polpa concentrada, floculada ou não
B = polpa mostrando período de indução
F = mesmo material de B, floculado previamente
D = polpa floculada, diluída
E = polpa não floculada, diluída

Fig. 2.24 Curvas de espessamento

descendente das partículas ser atrapalhado pelo movimento ascendente da água deslocada pelas partículas que afundam. São camadas de partículas mais densas, ainda em regime de sedimentação livre, que atingem a interface.

A curva de sedimentação apresenta alguns pontos notáveis:

- o ponto B, onde começa a zona de transição (sedimentação por fase), é onde se manifesta o comportamento de camadas mais densas;
- o ponto C, onde começa a zona de compressão e termina a zona de transição (sedimentação por fase);
- o ponto D, onde termina a zona de compressão e a altura do espessado, passa a não sofrer mais variações.

Como os ensaios de espessamento são descontínuos (em bateladas) e a operação do espessador é contínua, a transposição dos resultados não pode ser direta. Na prática, usa-se o fator de escala, que vai variar segundo o método de dimensionamento utilizado. Existem tratamentos teóricos e modelos matemáticos – que, todavia, não fornecem uma compreensão completa do fenômeno e, por isso, nem sempre funcionam bem –, bem como métodos absolutamente empíricos, desenvolvidos pelos fabricantes de equipamento com base na experiência acumulada. Assim, *a experiência anterior e o bom senso de quem vai projetar o espessador serão sempre os fatores mais importantes para um bom resultado.*

Os ensaios de espessamento são costumeiramente feitos em provetas de 2.000 mL, como já recomendava Taggart (1927). Vários autores, inclusive, defendem essa prática dizendo que, para as diluições usuais de espessamento, a massa de sólidos contida dentro de uma proveta de 1.000 mL é insuficiente para representar corretamente a compressão do material. Oltman (comunicação pessoal, 1972) fez ensaios exaustivos para verificar se existiam realmente diferenças sensíveis entre os resultados com provetas de 2.000 e 1.000 mL, concluindo pela negativa. A mesma conclusão foi obtida por Masini (1995) ao trabalhar com minérios brasileiros.

Um item importante de ser averiguado e, muitas vezes, negligenciado nos ensaios de espessamento, é *verificar se o underflow é passível de bombeamento*. Essas verificações podem ser tão simples como introduzir uma bagueta no *underflow* e avaliar sua resistência, ou virar a proveta e verificar se o sedimentado escorre.

O Centro de Tecnologia da Vale ("laboratório do km 14") mede rotineiramente a viscosidade do *underflow* a diferentes porcentagens de sólidos e traça o reograma dessa polpa (diagrama viscosidade × % sólidos). Fica, assim, possível conhecer perfeitamente o comportamento do *underflow* e escolher com precisão a porcentagem de sólidos com que o *underflow* pode ser retirado.

Uma medida semiquantitativa que aporta informações muito úteis é a obtida com o viscosímetro que era utilizado nas antigas moagens de pasta de cimento portland, quando a moagem era feita a úmido. Esse instrumento, esquematizado e mostrado em foto na Fig. 2.25, consiste de uma placa revestida de fórmica, que é colocada sobre a mesa em posição horizontal. Um pedaço de cano de 2½" de diâmetro interno por 2⅛" de altura é colocado no centro e a polpa cuja viscosidade se quer medir é vazada para dentro do tubo, enchendo-o. O tubo é levantado e a polpa escorre, espalhando-se sobre a placa numa extensão inversamente proporcional à sua viscosidade. Valores superiores a 2,5 garantem a possibilidade de bombeamento em bombas centrífugas. O ensaio, como mostrado na foto, é feito para pastas – nesse caso, medindo-se o ângulo de repouso (régua colocada no centro para medir a altura).

Quando a viscosidade de polpa atingida pelo *underflow* é tão alta que não permite o seu bombeamento por bombas centrífugas, é

Fig. 2.25 Viscosímetro

imperioso trabalhar com porcentagens mais baixas, isto é, interromper o processo de espessamento antes que se atinja o ponto D. Usa-se uma porcentagem de sólidos no *underflow* compatível com o bombeamento. Os parâmetros H_D e t_D, respectivamente tempo e altura finais de espessamento, são substituídos por H_U e t_U, respectivamente tempo e altura "úteis", que correspondem ao valor adotado.

A Fig. 2.26 mostra o resultado de um ensaio de espessamento de concentrado de minério de ferro da mina de Brucutu (MG). A porcentagem máxima de sólidos para o *underflow* compatível com o bombeamento é 65%. Note que ela é muito menor que a densidade máxima atingida por esse concentrado. Mais interessante ainda é que ela ocorre antes que se chegue à zona de compressão. O concentrado ainda está na zona de sedimentação livre!

2.5.2 Técnicas de determinação do ponto crítico

O maior problema prático é a identificação dos pontos B e C. B é necessário para o cálculo da velocidade de sedimentação na zona AB; o ponto C – *ponto crítico* – é necessário para os métodos de Talmage e Fitch e de Altman; e o ponto D – fim da zona de compressão – é necessário para o cálculo da altura da zona de compressão, no método de Coe e Clevenger. Às vezes, fica difícil identificá-los no gráfico do ensaio de espessamento desenhado em escalas lineares.

resultado	
velocidade de sedimentação (m/h)	14,6
área unitária (m²/t/dia)	0,0066
diâmetro do espessador (m)	18,0

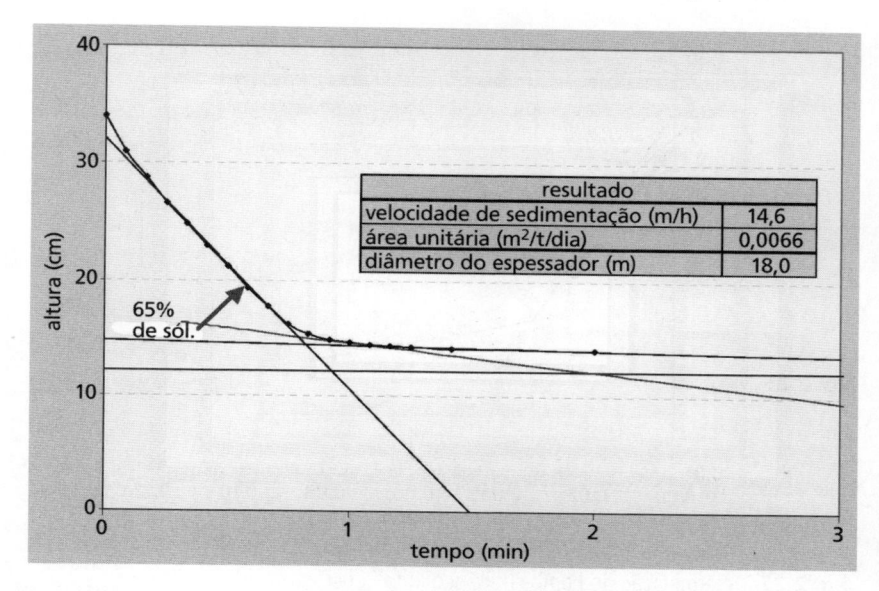

Fig. 2.26 Espessamento do concentrado de Brucutu (MG), teste 3, 3 g/t de floculante
Fonte: Torquato (2008).

Duas técnicas são, então, usualmente empregadas para determinar os pontos notáveis: os métodos de Robert e de Bornea.

Método de Robert

O método de Robert consiste em plotar $\log(H_i - H_\infty)$ *versus* tempo em escala linear, onde H_i e H_∞ são, respectivamente, as alturas da interface entre o líquido clarificado e a polpa nos instantes inicial e final do experimento. Usualmente resultam três linhas retas e dois pontos de interseção: o primeiro correspondente ao desaparecimento, no ensaio, da polpa na concentração inicial (ponto B), e o segundo, quando a polpa na concentração crítica compõe a interface com o líquido clarificado (ponto C) (Fig. 2.27).

Método de Bornea

A técnica de Bornea também é uma representação gráfica (Fig. 2.28). A altura da interface (ordenada) é representada por um adimen-

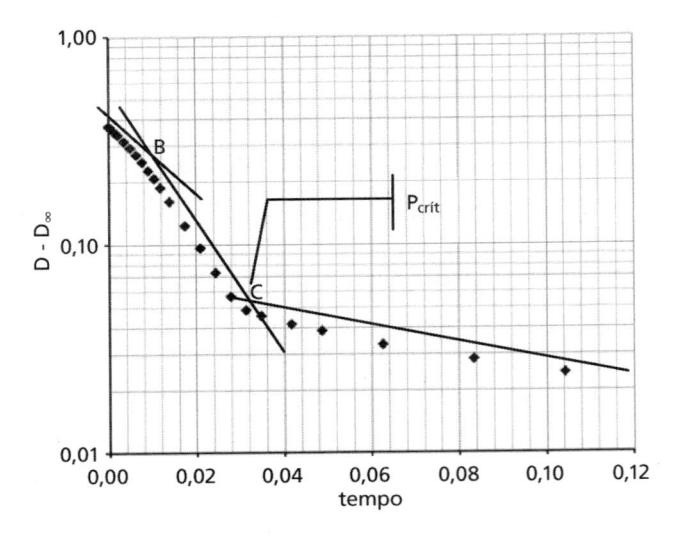

Fig. 2.27 Determinação do ponto crítico segundo Robert

sional e associada à velocidade de separação líquido/polpa correspondente. O adimensional reflete a composição e a estrutura momentânea dos sólidos em suspensão, ao passo que a abscissa representa a velocidade de alteração nessa composição.

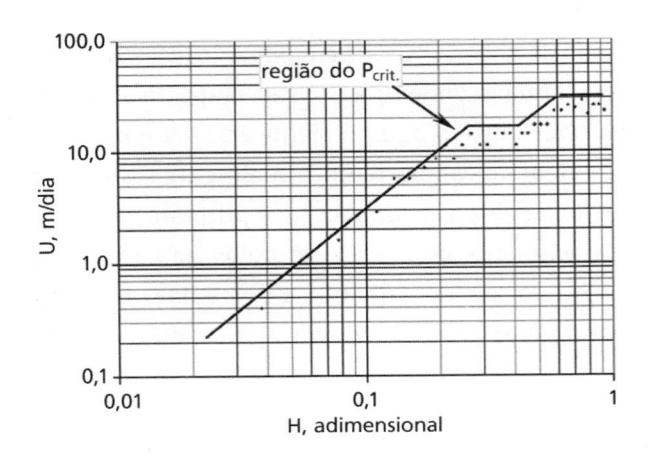

Fig. 2.28 Determinação do ponto crítico segundo Bornea

Como os resultados levantados no ensaio de espessamento são representados por h_n e t_n, com o subscrito n denotando a enésima leitura do ensaio, a representação convencional seria plotar h_n *versus* t_n. A proposta de Bornea é plotar em papel log-log U_n *versus* H_n, onde:

$$U_n = (h_{n-1} - h_{n+1})/(t_{n+1} - t_{n-1}) \qquad (2.12)$$

$$H_n = h_n - h_\infty/h_0 - h_\infty \qquad (2.13)$$

$$h_n = (h_{n-1} + h_{n+1})/2 \qquad (2.14)$$

Na Eq. 2.13, h_0 e h_∞ são, respectivamente, as alturas inicial e final da interface entre polpa e líquido clarificado.

No caso de uma série de ensaios com concentrações iniciais diferentes, traz benefícios usar, em vez da Eq. 2.13, a equação:

$$H_n = h_n - h_\infty/h_8 \qquad (2.15)$$

2.5.3 Dimensionamento de espessadores convencionais

Um espessador deve fornecer um *overflow* clarificado e um *underflow* de alta porcentagem de sólidos. Para tanto, ele precisa preencher dois requisitos independentes:

♦ ter a área necessária para que a polpa possa sedimentar;
♦ ter o volume necessário para que a polpa alimentada possa permanecer o tempo de residência necessário para atingir a porcentagem de sólidos desejada para o *underflow*.

O volume do espessador é calculado comparando sua forma à de um cilindro. Como o cone inferior é muito raso, essa simplificação não afeta muito o resultado final.

Os diversos métodos utilizam como base a curva de espessamento. Os fabricantes têm um enorme acervo de dados e utilizam-no para aferir os resultados obtidos.

A teoria do espessamento iníciou-se com o trabalho de Coe e Clevenger (1916), cujo modelamento teórico serve de base para todos os métodos de dimensionamento que vieram depois. Coe e Clevenger postulam que *a razão de espessamento é função exclusiva da velocidade de sedimentação na zona de sedimentação livre*. Em 1952, Kynch desenvolveu uma análise matemática do fenômeno de sedimentação *batch*. Outros pesquisadores – como Talmage e Fitch; Yoshioka, Hotta e Tanaka; Dick; e Wilhelm e Naide – ampliaram esses trabalhos, tentando obter métodos mais confiáveis.

Todos esses métodos têm restrições e nem sempre funcionam bem. Por seu lado, empresas fornecedoras de equipamentos desenvolveram métodos absolutamente empíricos. Na realidade, conforme já assinalado, a experiência prévia e o bom senso serão sempre os fatores determinantes do sucesso de um projeto de espessamento.

O parâmetro fundamental para o dimensionamento de espessadores é a razão de espessamento (*settling rate*), também chamada de "área unitária", que expressa a área (em ft^2) necessária para espessar 1 t de sólidos em 24 horas, para uma determinada polpa. Multiplicado pela tonelagem de sólidos a serem espessados, esse parâmetro fornece a área necessária para o tanque. A segunda consideração são os tempos de residência da polpa no espessador e do *underflow* na zona de compressão, até atingir a compactação desejada. Finalmente, é necessário considerar também a capacidade de extravasar o *overflow*.

Purchas (1977) registra que os resultados dos ensaios de espessamento perdem confiabilidade quando:

- as porcentagens de sólidos no *underflow* são muito baixas (menores que 25%);
- os tempos de compressão são muito longos;
- os pontos de inflexão das curvas são difíceis de determinar.

Para superespessadores, esses métodos não funcionam, e recomenda-se a consulta aos fabricantes (Wilhelm; Naide, 1981).

2.5.4 Coe e Clevenger

O método mais antigo e ainda muito empregado é o proposto por Coe de Clevenger. Ele tem por base o conceito das zonas de sedimentação, definido por eles e já apresentado anteriormente.

2 Espessamento

Baseados na descrição do fenômeno do espessamento, conforme feito a partir dos ensaios descritos anteriormente, Coe e Clevenger desenvolveram um método de dimensionamento que postula que a razão de espessamento é função exclusiva da velocidade de sedimentação na zona de sedimentação livre. Portanto, a velocidade de sedimentação terá o mesmo valor no ensaio descontínuo e na operação contínua.

Verifica-se experimentalmente que a razão de espessamento varia conforme a diluição da polpa, passando por um ponto de máximo valor, que é o que determina a capacidade necessária para o espessador. Em outras palavras, dentro do espessador contínuo, a densidade da polpa aumentará continuamente com a profundidade, até atingir um valor crítico, que limita a vazão dos sólidos por unidade de área através dessa zona de concentração crítica. Se a área do espessador for insuficiente, os sólidos afundarão até alcançar essa zona. Os sólidos que não conseguem ultrapassá-la vão se acumulando até encher o espessador e transbordar.

Dessa forma, um espessador bem projetado deve ter a seção transversal com área suficiente para que a velocidade de sedimentação na concentração crítica atenda à vazão de sólidos necessária (Scott, 1968). Deve ter, portanto, recursos para monitorar a zona crítica, e um bom projeto consiste em que se forneça área suficiente para evitar a formação dessa zona (Fitch, 1966b).

O procedimento experimental consiste, então, em executar uma série de ensaios de espessamento como os descritos anteriormente, apenas variando a diluição inicial. Usualmente se executam seis ensaios e, a partir deles, define-se a diluição crítica. Para cada ensaio calcula-se a velocidade de sedimentação, que é a velocidade com que a interface se move para baixo na zona de sedimentação livre, bem como a razão de espessamento (RE), dada por:

$$RE = fator \times \frac{\text{rel. água/sólido da alim.} - \text{rel. água/sólido do UF}}{\text{veloc. sedimentação}} \quad (2.16)$$

O fator varia conforme o sistema de unidades empregado. Na definição de razão de espessamento dada anteriormente, utilizamos o sistema inglês – toneladas curtas (1 st = 2.000 lb) por dia (24 horas) – para expressar a razão de espessamento em $ft^2/(st/24$ horas). Para tanto, utiliza-se o fator 1,3333, calculado conforme:

$1,3333 = 2.000$ lb/$(62,5$ lb/$ft^2 \times 24$ horas), com v em [ft/h] e onde 62,5 é a densidade da água em lb/ft^3.

Se, em vez de toneladas curtas, forem utilizadas toneladas métricas (1.000 kg), o fator fica $1,470 = 1,3333/0,907$, para razões de espessamento expressas em kg/$m^2 \times 24$ horas.

Se forem utilizadas unidades métricas para a razão de espessamento [$m^2/(t/h)$], o fator será 1,24, com v em [m/h] e RE em [$m^2/(t/h)$].

Ao tabular-se a razão de espessamento em função da diluição inicial para os vários ensaios, identifica-se a maior razão de espessamento, ou seja, a razão crítica, que é adotada como o parâmetro de dimensionamento, garantindo, assim, o funcionamento satisfatório do espessador em quaisquer circunstâncias. É imperativo usar os fatores de escala adequados e, eventualmente, com base na experiência anterior com materiais semelhantes, utilizar fatores de segurança.

2.5.5 Kynch ou Talmage e Fitch

O método de dimensionamento de espessadores de Talmage e Fitch é baseado nos conceitos introduzidos por Coe e Clevenger e na técnica de avaliação da velocidade de sedimentação em função da concentração, baseada nos conceitos introduzidos por Kynch. Admite também que a razão de espessamento é função da diluição de polpa da alimentação.

Esse método mostra que, a partir de um único ensaio *batch* de espessamento, graficamente mostrado na Fig. 2.29, é possível estimar a área requerida para uma dada operação de espessamento.

A Fig. 2.29 mostra o resultado de um ensaio de sedimentação com uma coluna de polpa homogênea de altura H_0 na concentração C_0. A curva H_0P_cD, obtida a partir dos resultados do ensaio de sedimentação, representa a posição da interface da polpa/líquido clarificado ao longo do ensaio. O ponto crítico do espessamento, definido por Coe e Clevenger,

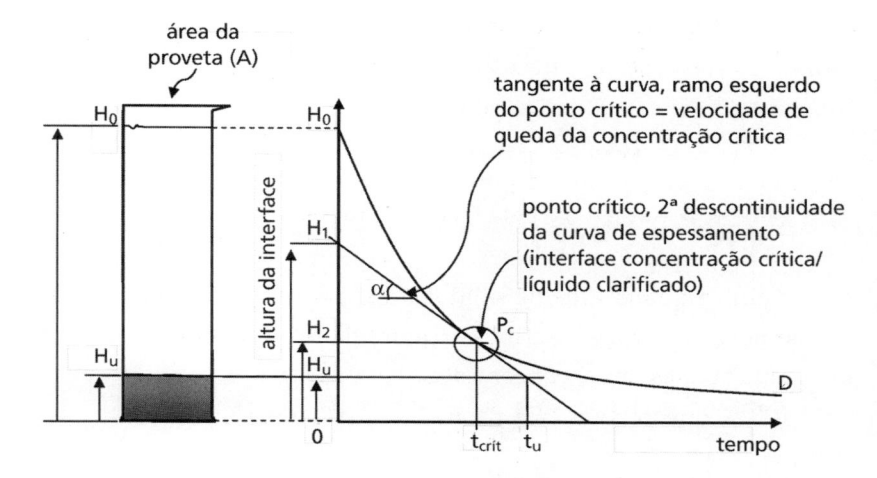

Fig. 2.29 Método de dimensionamento de espessadores Talmage e Fitch

está representado pelo ponto P_c, ou seja, segundo Kynch, o instante em que essa concentração faz interface com o líquido clarificado.

Nesse instante, os sólidos (segundo Coe e Clevenger, na concentração crítica), de acordo com a teoria de Kynch, sedimentam na velocidade dada por:

$$\frac{H_1 - H_2}{t_{crít}} \quad (2.17)$$

Logo, de maneira global, o fluxo de água que passa através dos sólidos nessa concentração seria:

$$\frac{A(H_1 - H_2)}{t_{crít}} \quad (2.18)$$

Numa operação contínua de espessamento, qualquer que seja a concentração das camadas existentes, apenas uma fração do líquido presente é removido delas, visto que parte sai com os sólidos pelo *underflow*. Assim, a fração de líquido que deve ser removida, tendo em conta o *underflow* de concentração C_u, sendo este, representado na Fig. 2.29 pela coluna de polpa de altura Hu = $C_0 H_0 / C_u$, seria A($H_1 - H_u$). O tempo requerido para emergir essa fração de líquido da polpa, referindo-se à camada de concentração crítica, seria:

$$t' = \frac{\text{fração de água a ser removida}}{\text{veloc. de eliminação do líquido}} = \frac{A(H_1 - H_u)}{\frac{A(H_1 - H_2)}{t_{crit}}} \quad (2.19)$$

Logo:

$$\frac{t_{crit}}{H_1 - H_2} = \frac{t'}{H_1 - H_u} \Rightarrow \text{pela lei dos triângulos} = \frac{t_u}{H_1 - H_u} \quad t' = t_u \quad (2.20)$$

Como a quantidade de sólidos no ensaio é $C_0 H_0 A$ e leva t_u para passar pela concentração crítica, a quantidade de sólidos por unidade de tempo através dessa concentração será:

$\frac{C_0 H_0 A}{t_u}$, que, por unidade de área, $\frac{1}{A} = \frac{C_0 H_0}{t_u}$, ou seja:

$$RE = \frac{t_u}{C_0 H_0} \text{(área unitária)} \quad (2.21)$$

Dessa forma, Talmage e Fitch mostram que a RE pode ser calculada graficamente a partir da curva de espessamento, onde t_u é o valor da ordenada da interseção da linha horizontal traçada por H_u com a curva de espessamento, sempre que a concentração requerida no *underflow* (C_u) for menor que a concentração da camada crítica; caso contrário, o valor será dado pela ordenada da interseção com a tangente à curva que passa pelo ponto crítico.

Fitch e Stevenson (1977), ao analisar os dois modelos de dimensionamento, argumentam: se os modelos de levantamento de dados fossem válidos, o de Coe e Clevenger, baseado nas velocidades constantes das curvas de sedimentação nas várias concentrações iniciais, deveria ser idêntico ao determinado pelas tangentes de Kynch, mas não é. As discrepâncias entre eles, em determinados casos, são enormes.

Analisando os modelos de dimensionamento e operações de espessamento no campo, Fitch e Stevenson (1977) mostram que, em geral, o modelo de Coe e Clevenger superestima o fluxo de sólidos, levando ao subdimensionamento da área. O de Talmage e Fitch baseado em Kynch subestima o fluxo crítico e leva ao superdimensionamento da área.

2.5.6 Método gráfico de Oltmann

Como o método de Talmage e Fitch usualmente fornece valores de áreas maiores que aquelas experimentalmente observadas, Oltmann propõe uma variante empírica que depende da identificação do ponto crítico, como mostra a Fig. 2.30. Não há justificativa teórica, e o fator de escala a ser usado é 1,20.

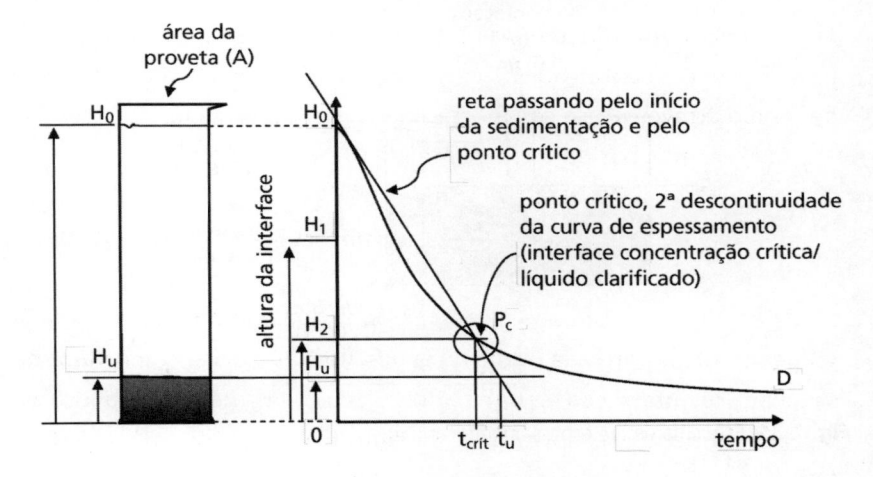

Fig. 2.30 Método de dimensionamento de espessores Oltmann

2.5.7 Método com o conceito de "espessamento ideal contínuo"

Da mesma forma que a análise das correlações da sedimentação de suspensões é facilitada pela definição de suspensão ideal, a introdução do conceito de espessador ideal também contribuiu muito para a análise do sistema denominado espessamento contínuo ideal, que trata da sedimentação contínua de uma suspensão ideal em um espessador ideal.

No espessador ideal, assume-se que os sólidos estão distribuídos horizontalmente de forma uniforme, e que a remoção, pelo *underflow*, do produto espessado, produz uma velocidade descendente única através das seções transversais do tanque, ao passo que a remoção, pelo *overflow*, do líquido clarificado, produz uma velocidade ascendente única. A Fig. 2.31 é uma representação apropriada de um espessamento contínuo. Nessas condições, o fluxo de sólidos (φ_c), para uma suspensão ideal, em qualquer seção do espessador, com sólidos na concentração C_i, pode ser estabelecido pelo fluxo característico obtido por meio de um ensaio de sedimentação acrescido do fluxo volumétrico global dentro do espessador.

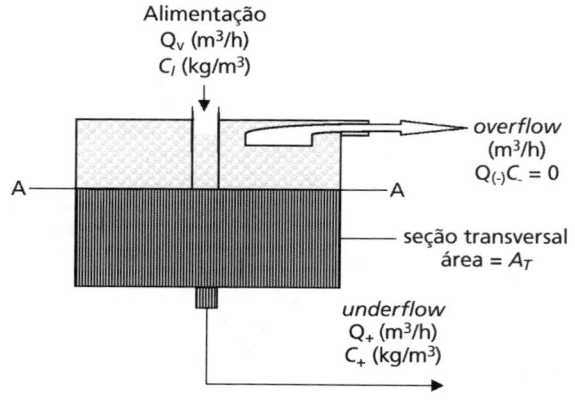

Fig. 2.31 Esquema de um espessamento contínuo

O escoamento do fluxo no espessador, ainda que não mostre uma nítida partição horizontal, pode ser dividido, na zona de alimentação da polpa, em um escoamento ascendente (*overflow*) e outro descendente (*underflow*).

a) Fluxo acima da zona de alimentação

Como a seção de alimentação é relativamente pequena em relação à área transversal do espessador, a velocidade ascendente pode ser avaliada por: Q/A_T. Consequentemente, para uma arbitrária camada de concentração acima da zona de alimentação, a saída pelo *overflow* causa um fluxo ascendente de sólido (φ_-), como mostra a Fig. 2.32, dado por:

$$\phi_- = (Q_-/A_T)C_- \qquad (2.22)$$

Em oposição a esse fluxo de sólidos, opõe-se o fluxo de sedimentação gravitacional dos sólidos $\varphi_s (= Cv)$, de modo que o fluxo resultante para o *underflow* no escoamento ascendente é dado por:

$$\phi_u = \phi_{s^-} - \phi_s \qquad (2.23)$$

A Fig. 2.32 mostra que, acima da zona de alimentação, o fluxo de sólidos resultante, para concentrações abaixo de C_X, é descendente, com uma limitação de projeto quando $C_I > C_X$. Entretanto, na prática, concentrações elevadas acima da zona de alimentação são valores não realísticos. Na verdade, as concentrações aí são muito baixas.

b) Fluxo abaixo da zona de alimentação

Em qualquer camada de uma determinada concentração, situada abaixo da zona de alimentação, o escoamento pelo underflow produz um fluxo descendente de sólidos, dado por:

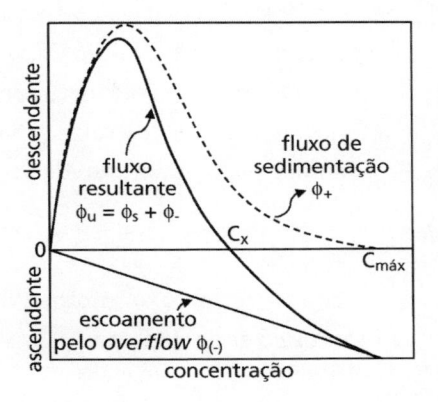

Fig. 2.32 Fluxo no espessador acima da zona de alimentação

$$\phi_+ = (Q_+/A_T)C_+ \qquad (2.24)$$

Esse fluxo descendente, somado ao fluxo de sedimentação gravitacional, dará o fluxo descendente (φ_d) resultante, conforme a expressão:

$$\phi_d = \phi_+ + \phi_s$$
$$= (Q_+/A_T)C_+ + C_v \qquad (2.25)$$

Pode-se ver, na situação representada na Fig. 2.33, a existência de uma concentração crítica no espessador ($C_I \leqslant C_{crit} \leqslant C_{máx}$),

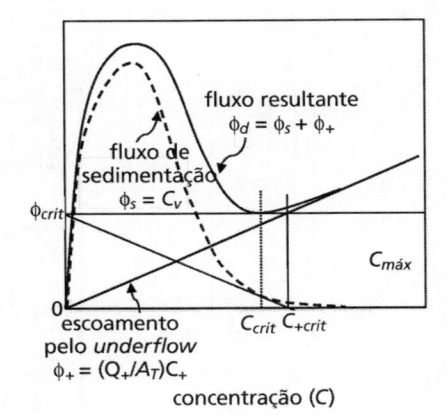

Fig. 2.33 Fluxo no espessador abaixo da zona de alimentação

quando o fluxo de sólidos é mínimo ($\varphi_{crít}$). Como todos os sólidos têm que passar através dessa camada, esse fluxo tem o maior valor que o espessador pode acomodar.

Isso significa que qualquer camada de concentração menor que a crítica recebe mais partículas do que perde. Do mesmo modo, qualquer camada com concentração maior que a crítica recebe menos partículas do que pode receber. Portanto, para equilíbrio operacional, o fluxo de alimentação e o fluxo de remoção precisam ser iguais ao fluxo crítico. Para tanto, o espessador tem de ser dimensionado a partir de:

$$\phi_{crít} = (Q_v/A_T)C_I = (O_+/A_T C_+)_{crít} \quad (2.26)$$

Para φ_d ter o fluxo mínimo, $d\varphi_d = 0$. Com base na Eq. 2.25, esse valor mínimo seria dado por:

$$(Q_+/A_T)dC_+ + dC_v = 0 \quad (2.27)$$

ou seja:

$$(dC_v/dC_+) = -(Q_+/A_T) \quad (2.28)$$

Assim, o valor mínimo φ_d da curva ocorre quando a curva φ_s tem a inclinação dada por $-(Q_+/A_T)$, como ilustra na Fig. 2.34.

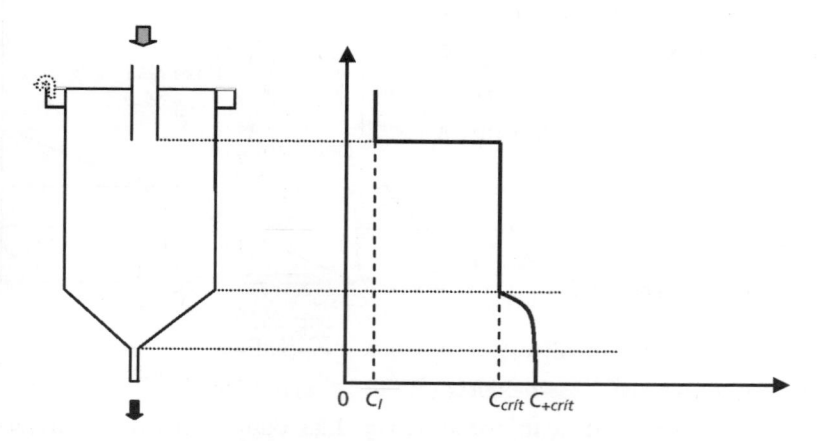

Fig. 2.34 Condição de equilíbrio abaixo da caixa de alimentação em carga máxima

Portanto, do ponto de vista das condições do *underflow*, a área requerida de um espessador pode ser determinada traçando-se a tangente à curva de fluxo de sedimentação φ_s obtida em ensaio de bancada, a partir do ponto $C_{+\text{crít}}$ do eixo de concentrações. Essa tangente corta o eixo de fluxo no ponto $(Q_V/A_T)C_I = O_+/A_T \, C_{+\text{crít}}$ e é frequentemente referida como *linha de operação*. Se Q_V e C_I são conhecidos, pode-se determinar a área.

Essa conceituação implica que numa operação de espessamento à máxima capacidade, a concentração crítica ($C_{\text{crít}}$) está presente em todos os níveis abaixo do dispositivo de alimentação, com súbita alteração para $C_{+\text{crít}}$ na entrada do dispositivo de descarga do *underflow*, como ilustrado na Fig. 2.34.

O aparente aumento súbito da concentração na saída realmente ocorre na seção cônica do espessador, visto que, para concentrações maiores que a crítica, o fluxo de sólidos φ_d é maior (Fig. 2.29), e adiante da contínua redução da área, a concentração de sólidos por unidade de volume cresce.

A principal vantagem dessa forma de avaliar a operação com vistas ao seu dimensionamento é a sua flexibilidade. Ela mostra, de forma completa, as correlações do espessamento e permite analisar a operação com sobrecarga ou com alimentação abaixo de sua linha de operação.

2.5.8 Ensaio de Oltmann ou zona de compressão

Este ensaio, desenvolvido por Oltmann, visa determinar uma estimativa razoável da porcentagem de sólidos no *underflow* e do tempo necessário para atingi-la. A diferença em relação ao ensaio de sedimentação normal é o uso de um *rake*, que gira intermitentemente a baixa velocidade: uma vez por hora, a 1/6 rpm. Procura-se utilizar a massa de polpa (na diluição da alimentação) que dê cerca de 300 mL de polpa adensada depois de 24 horas de sedimentação. Usam-se floculantes e reguladores com o objetivo de simular, o mais de perto possível, as condições operacionais reais. Registra-se a altura da interface a intervalos e, finalmente, a altura após 24 horas. Ao fim do ensaio, deságua-se e seca-se a amostra, e mede-se o peso de sólidos.

O objetivo é determinar, com a máxima precisão, o ponto de início da compressão e o respectivo tempo t_c. Se o *underflow* pode ser manuseado na sua porcentagem final de sólidos, determina-se o tempo t_f, onde a curva de sedimentação torna-se horizontal (instante a partir do qual não há compressão adicional). O tempo necessário para que ocorra a compressão desejada é $t_d - t_c$. A altura necessária para que essa compressão ocorra é:

$$\frac{\text{altura de}}{\text{compressão}} = \frac{(t_d - t_c) \times V}{\text{peso dos sólidos} \times \text{razão de espessamento}} \quad (2.29)$$

onde V é o volume médio da compressão no ensaio descontínuo, expresso em mL.

Oltmann foi o primeiro a considerar o comportamento na zona de sedimentação por fase como o determinante do dimensionamento de espessadores, aspecto depois retomado por Wilhelm e Naide.

A porcentagem de sólidos da alimentação do ensaio é acertada mediante ensaios preliminares, para que o comportamento da polpa esteja em sedimentação por fase. Adensa-se ou dilui-se a polpa até chegar-se a esse comportamento. O ensaio de Oltmann admite polpas floculadas, coisa que Coe e Clevenger não admitem.

O procedimento é o mesmo já descrito, de anotar tempos e alturas da interface, até se ter certeza de que o ponto de compressão já passou. Oltmann costumava ir desenhando as curvas de espessamento e os algoritmos da Fig. 2.27 enquanto acompanhava o ensaio, para não perder o ponto C.

Construída a curva de espessamento e identificados os pontos A, B, C e D, traça-se a linha horizontal que passa por D e uma reta passando por A e C. O ponto onde essa reta cruza a horizontal que passa por D (Fig. 2.17) determina o tempo t_u. Se, por razões de bombeamento do *underflow*, for utilizada alguma porcentagem de sólidos inferior à do ponto D, usa-se a horizontal correspondente a essa concentração. O ponto onde a reta A-B cruza essa nova linha determinará H_u, t_u e C_u.

A razão de espessamento é dada por:

$$RE = \frac{\text{constante da proveta} \times t_u}{\text{peso dos sólidos secos}} \, [m^2/(t/h)] \qquad (2.30)$$

O fator de escala a ser utilizado no dimensionamento a partir dessa razão de espessamento é 1,2.

2.5.9 Regra dos 3 ft

Quando a altura de compressão exceder 1 m (grosseiramente, 3 ft), recalcula-se a área de sedimentação. Trata-se de uma correção totalmente empírica, conhecida como "regra dos três pés" e que serve para evitar subdimensionamento. Se a altura calculada para a zona de compressão resultar inferior a 1/2 ft, adota-se esse valor mínimo.

Essa regra não tem justificativa teórica nenhuma; porém, tem sido confirmada para quase todos os propósitos práticos. Várias explicações foram aventadas para isso (King, 1980), entre as quais:

- polpas de concentrados metálicos espessam rapidamente até as porcentagens de sólidos finais admitidas pelo bombeamento. Em consequência, a altura da zona de compressão deixa de ser um fator crítico de projeto;
- em quase todos os casos, a velocidade de compressão diminui muito rapidamente;
- a variação da espessura da zona de compressão implica uma pequena variação da porcentagem de sólidos do *underflow*. O valor de 3 ft seria um valor médio, satisfatório para a maioria dos casos.

A "regra dos três pés" é complementada pela atribuição de 2 ft como altura necessária para as demais zonas dentro de um espessador. Dessa forma, a altura dos espessadores varia muito pouco:

- zona de clarificação: 2 ft;
- zona de alimentação: 2 ft;
- zona de transição: 2 ft;
- zona de compressão: 1/2 a 3 ft;
- altura total: 6½ a 9 ft.

2.5.10 Wilhelm e Naide

O método Coe e Clevenger leva a um subdimensionamento da área do espessador. Por sua vez, o método Kynch costuma superdimensioná-la. Em alguns casos, a estimativa dada por Coe e Clevenger é mais próxima da realidade; noutras, a de Kynch (Fitch, 1966b). Do ponto de vista prático, Kynch exige apenas um ensaio e, portanto, será sempre mais fácil de ser executado – se a amostra e as condições estiverem corretas.

Como já mencionado, nenhum dos métodos atende perfeitamente às necessidades do dimensionamento. Wilhelm e Naide (1981) afirmam haver definido um método alternativo mais preciso que os anteriores e que necessita de apenas um ensaio de espessamento. Afirmam que, ao comparar-se os resultados obtidos por seu método e pelos outros dois com a realidade da operação industrial, o seu é o que apresenta maior concordância. Salientam que as diferenças que aparecem acontecem porque a ação da zona de compressão é muito sensível. Para sanar esse inconveniente específico, recomendam a realização de ensaios especiais em cilindros de maior comprimento (deve ser o ensaio de compressão de Oltmann).

De fato, embora não consideremos o seu método melhor, Wilhelm e Naide trazem uma contribuição de real valor para a compreensão dos fenômenos, uma vez que:

♦ comprovaram a afirmação de que *apenas um ensaio de espessamento é suficiente para o dimensionamento*, desde que o ensaio e a sua análise sejam feitos corretamente;
♦ demonstram que os desvios entre os mecanismos aceitos até então e a realidade da operação industrial ocorrem devido aos fenômenos que acontecem na zona de compressão;
♦ propõem um método alternativo – mais preciso, segundo eles.

O procedimento preconizado por Wilhelm e Naide consiste em discretizar a curva de espessamento, transformando-a em uma sucessão de segmentos de reta, e em calcular a velocidade de sedimentação em cada um dos trechos assim definidos. Essa velocidade é função exponencial da concentração média da polpa no trecho. Explicando melhor: na zona de sedimentação livre, cada partícula sedimenta independentemente das demais, como já mencionado. Nas zonas de sedimentação perturbada e de sedimentação por fase, por sua vez, a velocidade de sedimentação de cada partícula é afetada pela presença das demais partículas, como também já comentado.

Isso ocorre de duas maneiras:

(1) as partículas que afundam, para fazê-lo, precisam deslocar a água subjacente. Essa água sobe e, nesse movimento ascendente, contrapõe-se à sedimentação das partículas, diminuindo a sua velocidade;

(2) conforme aumenta a concentração de sólidos, aumenta a densidade da polpa e, consequentemente, o empuxo da polpa sobre cada partícula.

Dessa forma, para o correto dimensionamento, é necessário conhecer perfeitamente a variação da velocidade de sedimentação ao longo das zonas de sedimentação perturbada e de sedimentação por fase.

Colocando as velocidades de sedimentação num gráfico log-log contra a concentração de sólidos na polpa (t/m³), verifica-se que, na zona de sedimentação perturbada, essa relação é expressa por uma reta. Ela pode, portanto, ser dada por:

$$v_i = aC_i^{-b} \qquad (2.31)$$

As constantes a e b são determinadas experimentalmente, para cada trecho discretizado.

Constrói-se o gráfico razão de espessamento × concentração de sólidos no *underflow* (em papel log-log). Para cada um dos trechos, calcula-se a razão de espessamento, em função do expoente da função da velocidade de sedimentação e da concentração de sólidos desejada para o *underflow*, pela fórmula:

$$\text{razão de espessamento real} = \frac{(\frac{b-1}{b})^{b-1}}{ab} \times C_u^{b-1} \qquad (2.32)$$

onde C_u é a concentração de sólido (t/m³) desejada para o *underflow*.

A razão de espessamento assim calculada é válida para o ensaio *batch*. Existe um fator de escala, a, que a relaciona com a razão de espessamento real, calculado mediante:

$$\text{fator de escala} = \frac{\text{RE real}}{\text{RE batch}} \times \left(\frac{h}{H}\right)^6 \quad (2.33)$$

onde:

h é a altura média da interface da zona de compressão no ensaio batch;

H é a altura média da interface na operação contínua;

a é determinado a partir de um gráfico fornecido por Wilhelm e Naide.

2.5.11 Comparação entre os métodos

O método de Wilhelm e Naide apresenta algumas vantagens sobre os anteriores, mas a sua utilização acaba caindo nos mesmos problemas, ou seja, na necessidade de traçar gráficos e determinar pontos e valores mais ou menos arbitrariamente. Desse modo, apesar das vantagens preconizadas pelos autores, acaba-se incorrendo nos mesmos erros dos métodos anteriores.

Dimensionando um espessador para o *overflow* da ciclonagem do minério de ferro de Carajás pelos diferentes métodos, obtiveram-se diferentes resultados, a saber:

Método:	Razão de espessamento ($m^2/t \times dia$):
Coe e Clevenger	0,479
Kynch	0,618
Talmage e Fitch	0,720
Wilhelm e Naide	0,548

Esses resultados enfatizam as características próprias de cada método e os seus efeitos sobre o resultado final.

A Vale realizou extensos estudos sobre o espessamento de concentrados e lamas de suas usinas no Quadrilátero Ferrífero. Esses estudos estão muito bem consubstanciados na dissertação de mestrado de Torquato (2008), que recomendamos aos interessados.

Com o objetivo de identificar a real capacidade dos espessadores de lamas, foi realizado um estudo, em escala industrial, durante 30 dias, utilizando um espessador de 30 m de diâmetro (706,9 m² de área). Esse trabalho foi acompanhado por ensaios em escala de bancada (proveta). Inicialmente o espessador foi alimentado com 51,4 t/h de lama do circuito de Capanema e gradativamente essa alimentação foi sendo elevada. Após sete dias de operação, atingiu sua capacidade máxima, 64,2 t/h, sendo mantido nessa condição durante 30 dias. Utilizou-se floculante (Cyanamid-1202, equivalente ao atual Flonex 9073), dosado em 40 g/t para manter a interface de clarificação abaixo de 0,6 m da superfície. A porcentagem de sólidos no *underflow* variou entre 35 e 42%, e a turbidez do *overflow*, entre 10 e 30 ppm.

Para a determinação da razão de espessamento, a área do equipamento foi dividida por 51,4 t/h, conforme:

$$RE = \frac{706,9 \, m^2}{51,4 \, t/h \times 24h} = 0,573 \, m^2/(t/dia)$$

Os ensaios de espessamento para acompanhamento do ensaio industrial são mostrados na Tab. 2.1. A razão de espessamento foi calculada segundo Talmage e Fitch/Kynch.

O ensaio 3 foi considerado o mais representativo da operação industrial, em termos de porcentagem de sólidos e dosagem de floculantes. Ele foi utilizado para definir o fator de escala conforme:

- RE industrial = 0,573 m²/t/dia
- RE bancada = 0,898 m²/t/dia
- fator de escala = 0,64 = 0,573/0,898

Essa conclusão pode ser confirmada com as lamas dos circuitos de Fábrica Nova e de Brucutu. Ficou definido, portanto, um novo fator de escala, válido para as lamas dos minérios de ferro do Quadrilátero Ferrífero e aplicável ao método de Talmage e Fitch/Kynch.

Tab. 2.1 ENSAIOS DE SEDIMENTAÇÃO EM BANCADA COM LAMA DE CAPANEMA

Ensaio	Floculante (g/t)	% de sólidos (inicial)	% de sólidos (final)	Veloc. sed. (m/h)	Razão de espessamento ($m^2/t/dia$)
1	–	3,53	44,02	1,34	1,040
2	20	3,60	42,00	1,77	0,901
3	20	4,16	42,97	1,63	0,898
4	28	3,43	40,54	1,98	0,765
5	40	4.03	38,03	2,23	0,654
6	–	3,87	43,80	1,22	0,968
7	27	3,11	41,70	1,68	0,880
Média					0,872

No mesmo trabalho experimental, as razões de espessamento foram também determinadas segundo os métodos de Talmage e Fitch, Kynch e Coe e Clevenger.

2.6 Considerações de projeto

Não entraremos nos detalhes mecânicos dos equipamentos. Recomendamos aos interessados a leitura de King (1980) e a consulta aos catálogos dos fabricantes.

Todo o dimensionamento baseou-se no valor da razão de espessamento, determinada a partir de uma única amostra e, se tiver sido utilizado o método de Kynch, de um único ensaio. Se essa amostra não for representativa, todo o trabalho está perdido!

A presença de material grosseiro é razão frequente de sobrecarga do *rake*. Em princípio, *material maior que 60# (0,25 mm) não deveria entrar no espessador* (Fitch; Stevenson, 1977). Material desse tamanho não pode ser tolerado e é preciso separá-lo por peneiramento antes.

O sistema de remoção do *underflow* é o calcanhar de Aquiles de qualquer espessador. Em se tratando de uma obra tão cara e tão crítica para o funcionamento da usina, acreditamos que não seja aqui que se deva procurar economizar. Bombas de reserva são, portanto, essenciais.

Quando não são executadas medidas da viscosidade do *underflow*, vários critérios mais ou menos empíricos e arbitrários (verdadeiras "regras de dedão") são utilizados pelos projetistas para escolher a densidade de polpa de bombeamento, entre eles:

(1) o *underflow* deve ser retirado com porcentagem de sólidos 5% superior à do ponto crítico (ponto C);

(2) o *underflow* deve ser retirado com porcentagem de sólidos 10% inferior à densidade final (24 horas).

Trata-se, porém, de meros palpites, que nunca podem ser melhores que a medida da viscosidade, ainda que por métodos tão simplificados como os descritos anteriormente.

O projeto deve considerar a possibilidade de paradas frequentes do sistema do *underflow* e prever facilidades necessárias para elas serem rapidamente resolvidas (ar comprimido, água de alta pressão, dispositivos para acesso e lavagem da linha etc.). O manual de operação deve prever as providências a serem cumpridas em situações de parada imprevista. O piso da câmara debaixo do espessador, onde ficam as bombas centrífugas, deve ter inclinação tal que permita a sua fácil lavagem e a remoção do minério que cair durante uma operação de desentupimento. É conveniente prever uma caneleta de drenagem.

São usadas bombas de diafragma e bombas centrífugas. Eventualmente são utilizados motores de velocidade variável, reguladores de velocidade ou inversores de frequência.

As bombas de *overflow* deveriam, teoricamente, bombear água limpa. Na prática, isso nem sempre acontece, e as bombas devem ser escolhidas tendo essa possibilidade em vista.

Keane (1979) e King (1980) discutem as diferentes possibilidades de instalação de espessadores, com vistas à instalação de bombeamento do *underflow*, que resumimos a seguir:

♦ *tanque elevado*, válvulas, tubulações e bombas do *underflow* instaladas ao nível do chão: essa configuração possibilita excelente acesso ao sistema do *underflow*. A construção é mais cara que as demais configurações e torna-se cada vez mais cara, à medida que o tamanho do tanque aumenta;

♦ *tanque ao nível do chão*, sistema do *underflow* instalado em um *túnel debaixo do tanque*: é o mais frequente na indústria mineira. O custo instalado é razoável. O projeto deve considerar o problema de drenagem desse túnel, facilidades de manuseio e de manutenção de peças pesadas (motores, rotores, válvulas e tubulações) e observar dimensões compatíveis com a segurança operacional dos trabalhadores. A ventilação do túnel pode, eventualmente, ser problemática;

♦ *tanque ao nível do chão*, bombas de polpa do tipo submersas instaladas na coluna central, motores acima do nível do espessador: é a concepção de investimento mínimo. Não permite a instalação de bombas de reserva e torna a manutenção e a limpeza das bombas trabalhosas. Afeta o projeto do mecanismo central. É necessário parar o espessador para a manutenção da bomba;

♦ *tanque ao nível do chão*, bombas instaladas na coluna central, acima do nível do espessador, succionando o *underflow* do fundo e do centro do espessador: investimento ligeiramente superior ao do caso anterior. Permite a instalação de bomba de reserva. A operação de bombas de polpa em sucção é sempre desagradável. O espaço para operação e manutenção torna-se exíguo; afeta o projeto do mecanismo central;

♦ *configuração tipo caisson*: é a solução mais econômica para espessadores de grande diâmetro, pois se elimina o túnel, embora a tubulação central não seja uma construção barata e o acionamento também se torne mais caro;

♦ *tanque ao nível do chão, tubulações de* underflow *enterradas* e bombas locadas na periferia do espessador: usualmente não aplicável a polpas minerais.

Capacetes, ferramentas e outros objetos caídos dentro do espessador atrapalham muito o seu funcionamento. Muitas instalações fecham o passadiço de acesso ao mecanismo central de modo completo ou com telas de alambrado.

Para espessadores de grande diâmetro, o custo da obra civil pode ser minorado ao substituir-se a concha de concreto por fundo de material argiloso compactado. O método já foi utilizado no Brasil e Novas (1978) dá maiores informações. É fundamental a granulometria da argila e o cuidado na compactação. A camada de argila compactada é coberta com uma camada de solo-cimento.

Finalmente, em muitos casos, a par com a porcentagem de sólidos no *underflow*, deseja-se também a mínima turbidez do *overflow* (embora a clarificação não seja a função primordial de um espessador). Isso depende fundamentalmente da floculação da alimentação, que pode ser espontânea ou artificial – mediante a adição de eletrólitos ou de polímeros. O primeiro caso não costuma constituir problema, desde que o dimensionamento do espessador tenha considerado o tempo necessário para que essa coagulação ocorra. Entretanto, quando se usam polímeros sintéticos, é necessário garantir a sua mistura eficiente e rápida, de modo que todos os seus pontos ativos sejam utilizados antes que o floco comece a afundar. Mistura ineficiente acarretará consumos desnecessariamente maiores de floculante.

Também é necessário prover o tempo necessário para que os flocos possam se formar e começar a sedimentar. Muitas vezes, isso é dificultado por uma diluição excessiva, e a solução é, então, recircular parte do *underflow* (King, 1980).

A Tab. 2.2 mostra valores de razão de espessamento e condições médias de operação. Ela não deve ser usada para projeto, mas apenas ser utilizada para avaliações preliminares e grosseiras.

Tab. 2.2 VALORES TÍPICOS DE RAZÃO DE ESPESSAMENTO E DE DESEMPENHO

Aplicação	Alimentação (% sólidos)	Underflow (% sólidos)	Capacidade específica (GPM/ft²)	Razão de espessamento (ft²/t/24h)
Lamas vermelhas	10-15	30-40	0,5-1	1,5
Efluente de açúcar de beterraba	3-8	20-35	2-5	–
Lavador de poeiras de alto forno	1-2	30-50	4-5	–
Rejeitos de bórax	5	35-45	1-2	2
Purificação de salmoura	0,01-0,03	10-30	1,6-1,9	–
Efluente de açúcar de cana	0,5-1,5	3-20	1-3	–
Cimento portland, via úmida	10-15	40-50	2-3	0,3-0,8
Finos de carvão lavado	1-7	25-40	2-5,4	0,6-2,8
Rejeitos de carvão	1-8	25-50	4-5	0,4-5
Concentrado de cobre	15-30	60-75	1,5-4,2	0,2-0,4
Resíduo da lixiviação de cobre	5-15	45-55	1-3	0,3-1,5
Minério de cobre (moído)	15-35	45-65	1-3	0,1-0,6
Rejeitos de cobre	10-35	50-65	1-4,2	0,2-0,6
Rejeitos de diamante	10	45	3-4	0,45
Rejeitos de cianetação	10-33	40-60	1-4	0,3-0,8
Polpa de caulim	1-6	20-30	2,5-3	–
Concentrado de chumbo	20-40	60-80	3-9	0,1
Garapa calada e carbonetada	1-5	15-23	3-5	–
Garapa bruta calada	0,5-1,5	3-9	1-3	–
Efluente de rejeitos de fosfato: parcialmente neutralizado	2,7	30-40	2,4	2,5
Segundo estágio de neutralização	2,5	13-20	1,7	3,9
Hidróxido de magnésio de salmoura	9	25-50	3	0,5

Tab. 2.2 Valores típicos de razão de espessamento e de desempenho (Cont.)

Aplicação	Alimentação (% sólidos)	Underflow (% sólidos)	Capacidade específica (GPM/ft²)	Razão de espessamento (ft²/t/24h)
Hidróxido de magnésio (água do mar)	2-6	11-25	0,7-4	1-10
Magnetita (meio denso)	12-18	60-70	4-7	0,1-0,2
Rejeito de eletropolimento (metais)	0,1-0,2	1-1,6	0,5-1	–
Água de mina	–	–	1-4	–
Rejeitos de molibdênio	20-300	50-70	2-4	0,1-11,3
Rejeitos de destintamento de papel	0,005-0,01	1-5	0,8-1,2	–
Rejeito da fábrica de papel	0,05-0,4	0-3,9	0,8-3	–
Clarificação (vinho branco)	8-10	30-40	0,6-1,5	1-5,3
Lamas de fosfato	2-8	12-18	2,8-3,3	0,6-1,2
Ácido fosfórico a 30%	0,5-8	16-50	0,5-2	–
Potássio (polpa de argila e sal)	0,5-1,2	6-10	1	–
Rejeitos de areia	2-10	30-40	4-6	–
Minério de prata cianetado	10-33	40-60	1-4	0,3-0,8
Barrilha (alimentação primária)	1-3	8-20	2-4	1-8
Rejeito de taconita	10-15	55-65	5-9	0,1-0,2
Rejeitos de areia betuminosa	6-7	30-50	1-3	–
Minério de urânio lixiviado	10-30	45-65	1-5	0,1-11,6
Yellow cake	1-10	15-40	0,5-3	1-10
Concentrado de zinco	15-40	61-75	1,5-3,6	0,09-0,24
Middlings de zinco	5-10	60-70	2-4	0,3-0,8
Rejeitos de zinco	20-35	50-70	1-4	0,1-0,6
Licor de extração de zircônio	0,12	5-10	2	–

2.7 Prática operacional[4]

As variáveis de controle que devem ser monitoradas são:
- granulometria, vazão e porcentagem de sólidos da alimentação;
- vazão e porcentagem de sólidos do *underflow*;
- dosagem e diluição de floculante, ponto de adição do floculante;
- pH da polpa;
- porcentagem de sólidos no *overflow*;
- densidade na zona crítica ou nas suas vizinhanças.

Uma das regras fundamentais, cuja importância não pode ser nunca subestimada, é a de que espessadores são projetados para trabalhar com materiais finos e, portanto, partículas grosseiras não podem ser admitidas na sua alimentação. Para carvão, aceitam-se partículas até 28#; para outros materiais, o desejável é −60#. Nas usinas de minério de ferro, onde esse aspecto é especialmente crítico, a prática de aumentar a profundidade submersa do *feedwell* (para impedir que as partículas grossas sejam arrastadas para longe do centro) tem dado bons resultados. Isto também aconteceu em Fazenda Brasileiro (BA).

Outra regra fundamental é nunca estocar material nem deixar que ele se acumule dentro do espessador. A função do espessador é espessar a polpa, e isso ele faz muito bem. Querer usá-lo como vasilha de estoque é abusar dele, e o merecido castigo vem bem depressa.

A Fig. 2.35 mostra a relação entre a porcentagem de sólidos no *underflow* (em g/L) e a razão de espessamento. Esse gráfico foi construído por Wilhelm e Naide a partir de resultados de ensaios contínuos, medindo-se a porcentagem de sólidos para diferentes alturas da interface dentro do espessador.

Verifica-se que, para concentrações inferiores a 400 g/L, as linhas convergem. Nessa faixa de operação, o espessador é mais sensível a variações na vazão de sólidos e relativamente insensível a mudanças na altura da interface. Então, mudanças na altura da interface não afetariam significativamente o desempenho do espessador, mas mudanças

---

4. A autoria da presente seção é de Arthur Pinto Chaves e José Fernando Ganime

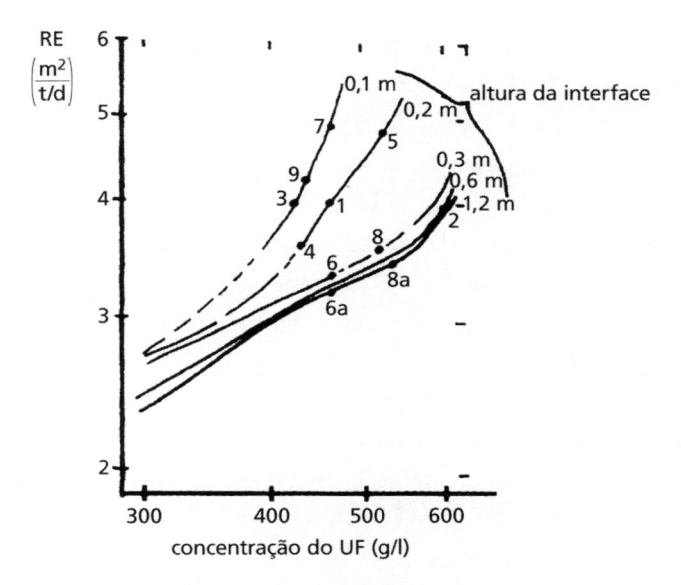

Fig. 2.35 Razão de espessamento × diluição de polpa do UF
Fonte: Wilhelm e Naide (1981).

na vazão de alimentação teriam efeitos drásticos, a menos que a vazão das bombas de *underflow* seja ajustada para compensar. O que ocorre, então, dentro do espessador, quando se resolve usá-lo para estocar material (ou aumentando a vazão de alimentação ou aumentando a porcentagem de sólidos na alimentação, sem aumentar a vazão de *underflow*), é que a altura da interface vai elevar-se gradualmente, até a alimentação transbordar pela calha do *overflow*.

Acima de 400 g/L, as linhas se espalham, o que indica que, *dentro de certos limites, o espessador consegue adaptar-se sozinho a mudanças na vazão de alimentação.* Assim, dentro de uma certa faixa de concentrações, o espessador pode absorver, durante algum tempo, variações da alimentação mesmo que não sejam tomadas providências corretivas. Isso não vale para espessadores em que é feita a adição de polímeros, pois a presença desses reagentes pode mascarar esses efeitos.

Muitas vezes, porém, a acumulação ocorre independentemente da vontade do operador. Se houver acumulação de materiais dentro do espessador, um ou mais dos seguintes efeitos acontecerão (King, 1980; Wilhelm; Naide, 1981):

1. a alimentação começará a descarregar junto com o *overflow*;
2. o *underflow* ficará grosso demais para poder ser bombeado;
3. haverá a formação de montes de material depositado dentro do espessador e o *underflow* começará a ficar mais diluído e acabará atingindo a diluição da alimentação;
4. o mecanismo do *rake* ficará sobrecarregado e será desligado pelo sistema de proteção.

Se ocorrer o efeito 2, a sugestão é, inicialmente, tentar injetar parte da alimentação no *underflow*, de modo a diminuir a sua porcentagem de sólidos. Certamente o esforço necessário para o bombeamento será reduzido e o sistema, aliviado. Deve-se prestar atenção à alimentação do espessador e, se necessário, reduzi-la e até mesmo cortá-la.

Quando se observa o efeito 3, o *rake* sobe. O operador deve passar para o comando manual e ficar atento à medida do torque, tentando obrigar o *rake* a desmanchar a "ilha" formada no fundo. Se após 30 a 40 minutos o problema não tiver sido solucionado, a alimentação do espessador precisará ser cortada.

Todas as coisas que acontecem dentro do espessador não são visíveis ao operador. Ele deve ficar atento a tudo que acontece e aprender a interpretar as variações dos parâmetros de processo, a saber:

♦ elevação do nível dentro do espessador: pode indicar acumulação do material no seu interior. A remoção insuficiente do *underflow* ou a floculação deficiente podem ser as possíveis causas;
♦ aumento do torque: pode indicar a ocorrência de sobrecarga em razão de uma das possíveis causas: alimentação mais grossa, alimentação mais adensada, excesso de vazão, ou pior, a formação de montes de material;
♦ posição do *rake* mais elevada que o programado: indica a acumulação de material.

Em usinas com circuitos de flotação, a espuma persistente pode vir a constituir-se em problema operacional – contaminação da água recirculada e abrasão dos rotores das bombas do *overflow*. Se o espessador for de concentrado, ocorrerão também perdas desse produto. Entre as soluções usadas, estão:

◆ jatos d'água partindo do vertedouro de *overflow*, para desmanchar a espuma;
◆ anel circundando todo o espessador, a pequena distância do vertedouro do *overflow*. A água passa por baixo dele mas a espuma é retida. Esse sistema pode ser complementado por uma escumadeira, presa ao *rake* e movida por ele, que arrasta a espuma em direção a uma caixa de retirada, como mostrado na Fig. 2.36.

Em circuitos de espessamento da lama de sistemas de abatimento de poeiras ou de águas de usinas siderúrgicas, as graxas e óleos tendem a se concentrar no *overflow*. A mesma escumadeira + anel + remoção do óleo sobrenadante é uma boa solução para o problema.

A necessidade de clarificar o *overflow* pode levar à necessidade de utilizar algum reagente auxiliar. A conveniência dessa decisão deve ser avaliada cuidadosamente, pois sempre envolverá um custo operacional adicional. A maneira de fazê-lo, como já mencionado, também deve ser criteriosa, especialmente porque a dosagem inadequada pode provocar a

Fig. 2.36 Escumadeira e caixa para retirada de espumas

deposição súbita de grande quantidade de material, com a possibilidade de formação de uma placa no fundo do espessador.

Em muitos casos, é necessário utilizar coagulantes e floculantes. Os coagulantes, via de regra, são adicionados primeiro e só depois os floculantes.

Existe alguma polêmica sobre a conveniência de utilizar bombas centrífugas quando se usam polpas floculadas mediante a adição de floculantes orgânicos. Os críticos dessa utilização afirmam que o cisalhamento da polpa dentro da bomba centrífuga corta as longas cadeias orgânicas dos floculantes, impedindo a sua refloculação posterior.

King (1980) faz uma interessante discussão dos problemas operacionais mais graves encontráveis na operação de espessadores e das maneiras de controlá-los.

O espessador não pode ser esvaziado quando a usina para. Se isso for feito, ele levará muito tempo operando até entrar novamente em regime. A solução é recircular o *overflow* e o *underflow* em sua alimentação, como mostra a Fig. 2.37.

Existe também a prática de recircular apenas o *underflow*. O espessador está cheio – de *underflow* e de *overflow*. O *underflow* precisa ser movimentado para não depositar. O *overflow* é água ou polpa muito diluída. Então, bombeando-se apenas o *underflow*, economiza-se a energia gasta no bombeamento do *overflow* e mantém-se o regime do espessador.

Quando ocorre excessivo adensamento do *underflow* (aumento da sua porcentagem de sólidos), o bombeamento pode ficar problemático,

Fig. 2.37 Recirculação do *overflow* e do *underflow* em caso de parada do espessador

pelas excessivas densidade e viscosidade dessa polpa. A solução mais fácil é diluí-lo para aumentar a capacidade de recalque das bombas de *underflow*. Melhor que introduzir água para diluir o *underflow* é fazer isso com a própria alimentação, porque assim, o próprio espessador recebe um pequeno alívio e não se introduz mais água no sistema (Fig. 2.38).

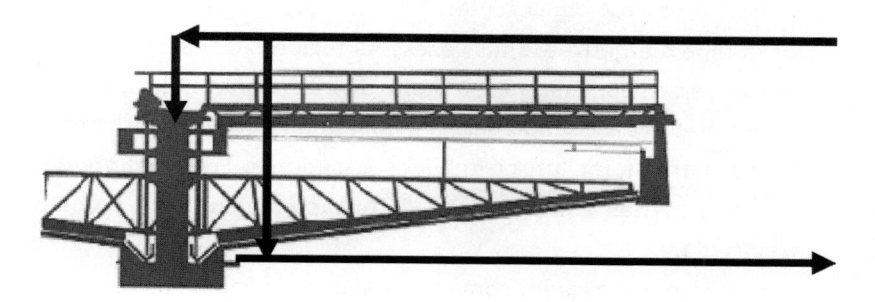

Fig. 2.38 Diluição do *underflow* com a alimentação

Para a correta utilização de floculantes, a porcentagem de sólidos na alimentação é uma variável crítica. Valores acima ou abaixo do valor ótimo prejudicam a ação dos floculantes. O espessador Ultrasep, da WestTech, incorpora um dispositivo para levantar ou abaixar o *feedwell* e otimizar essa recirculação de *overflow*, que derrama para dentro dele quando ele é abaixado.

Da mesma forma, quando a alimentação está com porcentagem de sólidos muito elevada, melhor do que introduzir mais água no sistema é recircular o *overflow*, como indica a Fig. 2.39.

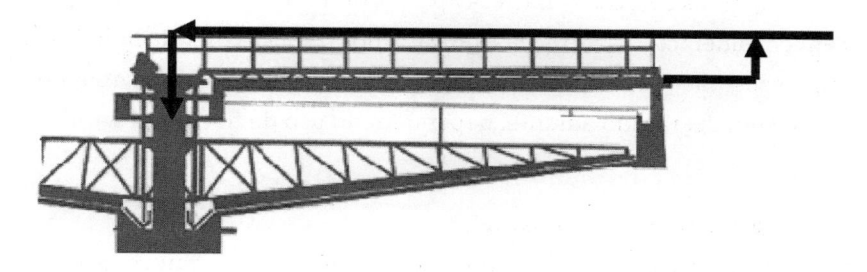

Fig. 2.39 Recirculação de *overflow* para diluir a alimentação

2.8 Novos espessadores

Tais como são projetados hoje, os espessadores são equipamentos robustos, simples e, especialmente, confiáveis. Porém, apresentam dois problemas de ordem prática:

♦ *o seu tamanho excessivo*: já vimos, na discussão sobre os tipos de espessador, os problemas geotécnicos acarretados por espessadores de grande diâmetro. Muitas vezes, em regiões acidentadas (como Minas Gerais, por exemplo), é muito difícil encontrar, nas proximidades do local escolhido para a usina, uma área suficientemente ampla para alojar um ou mais espessadores. Frequentemente são necessárias grandes obras de terraplenagem, com o custo associado.

Quando um espessador convencional deve ser adicionado a uma unidade industrial já existente, aí é que os problemas de espaço se fazem sentir de maneira mais aguda. Com a crescente preocupação com a qualidade ambiental, é cada vez mais premente a necessidade de conter os efluentes sólidos, e os espessadores são a peça essencial nessa operação. Projetos feitos há 15 ou 20 anos e que não tiveram essa preocupação são objeto de pressão por parte do público e das autoridades; porém, muito frequentemente, não têm espaço disponível para instalar o espessador.

♦ *o seu preço*: consequência direta do seu porte e dos fatores discutidos anteriormente, o espessador é um dos itens mais caros do investimento inicial numa usina.

Algumas soluções criativas apareceram nos últimos anos e merecem consideração. Dentre elas, destacamos o espessador de lamelas, o superespessador e o espessador de pasta. Esses novos desenvolvimentos, como será destacado adiante, dependem do uso de floculantes.

2.8.1 Espessador de lamelas

O *espessador de lamelas* é um conceito novo e que reduz consideravelmente a área demandada. Ele tem apresentado muito sucesso na complementação de unidades já existentes, embora a sua introdução em novos projetos ainda seja lenta, dado o conservadorismo dos profissionais da área.

No espessador convencional, a partícula, para espessar, tem de percorrer todo o percurso entre o *feedwell* e o fundo do tanque. No espessador de lamelas, o princípio operacional é totalmente diferente (Fig. 2.40): o volume é dividido por meio de placas inclinadas. A partícula sedimenta até encontrar a superfície de uma placa e, a partir daí, passa a escorregar sobre ela. Superpondo um grande número de placas, dispostas umas sobre as outras, as partículas sólidas passam a depositar-se sobre essas placas, o percurso que cada partícula percorre diminui e a eficiência do uso do volume disponível aumenta consideravelmente.

Como mostra a Fig. 2.41, até mesmo a clarificação é melhorada, bastando às partículas sólidas, em seu movimento ascendente, encontrarem a placa.

A polpa entra por uma câmara de alimentação e mistura (onde floculante é injetado) (Fig. 2.42). Na configuração mostrada nessa figura (contracorrente), o movimento da polpa entre as placas é ascendente, com o *overflow* descarregando por cima e os sólidos, por baixo. Debaixo das placas, há uma tremonha de descarga, onde ocorre uma compressão adicional, auxiliada por um vibrador de baixa amplitude.

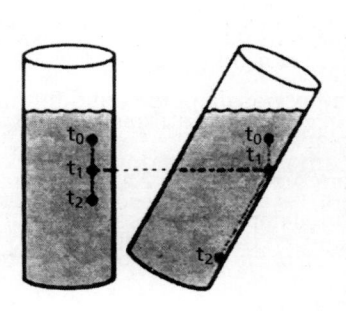

Fig. 2.40 Princípio do espessador de lamelas
Fonte: catálogo Denver Sala.

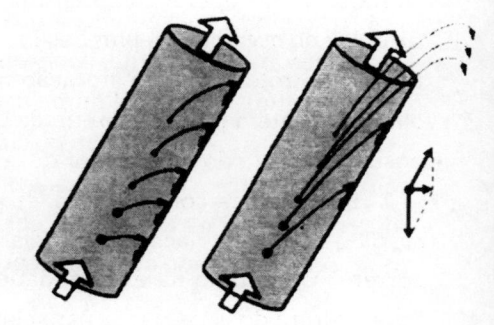

Fig. 2.41 Clarificação no espessador de lamelas
Fonte: catálogo Denver Sala.

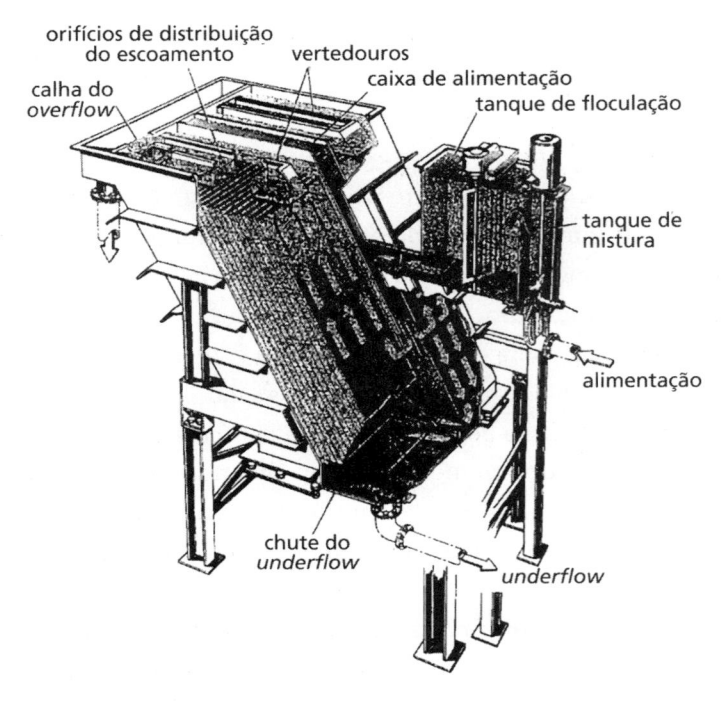

Fig. 2.42 Espessador de lamelas (contracorrente)
Fonte: catálogo Parkson.

Os orifícios na descarga do *overflow* servem para pressurizar a câmara, e sua operação constitui-se num recurso para controlar a turbidez do *overflow*. As paredes laterais dispõem de olhais que permitem o controle visual da situação no interior do equipamento. Esses olhais permitem também a retirada de amostras da polpa em diferentes posições dentro do espessador de lamelas.

Existe outra configuração, em concorrente (Fig. 2.43), na qual o *overflow* é forçado placas abaixo. Os sólidos depositados separam-se da corrente de líquido na extremidade inferior da placa e o líquido tem toda a altura do espessador para clarificar.

A área útil do espessador de lamelas é, portanto, o somatório das áreas das lamelas (sua projeção horizontal). Como ordem de grandeza, ele ocupa apenas 20% da área ocupada por um espessador conven-

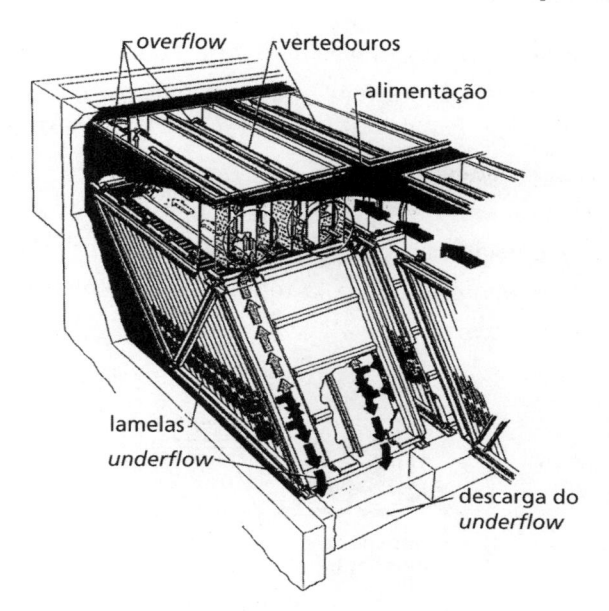

Fig. 2.43 Espessador de lamelas (concorrente)
Fonte: catálogo Parkson.

cional de mesma capacidade. A Fig. 2.44 compara os tamanhos de classificadores convencionais e de lamelas para o mesmo serviço.

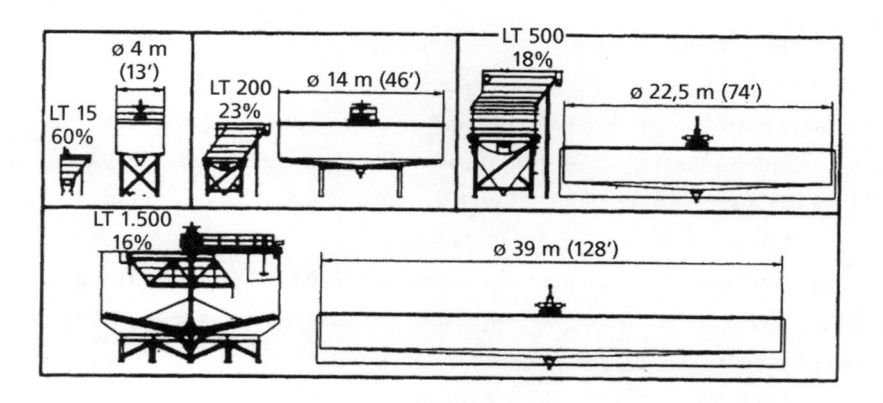

Fig. 2.44 Comparação do tamanho dos classificadores convencional e de lamelas
Fonte: catálogo Denver Sala.

Um classificador de lamelas de 5,7 m³ (1,6 m × 2,8 m × 6,1 m) substitui um espessador convencional de 5 m de diâmetro. Esse equipamento foi testado na usina do Cauê (Itabira - MG), da Vale, onde foi instalado no sexto andar.

A Fig. 2.45 mostra um equipamento desse tipo, construído no Centro de Tecnologia Mineral (Cetem), usando como placas telhas onduladas de cimento amianto. O referido equipamento tem como elementos construtivos:

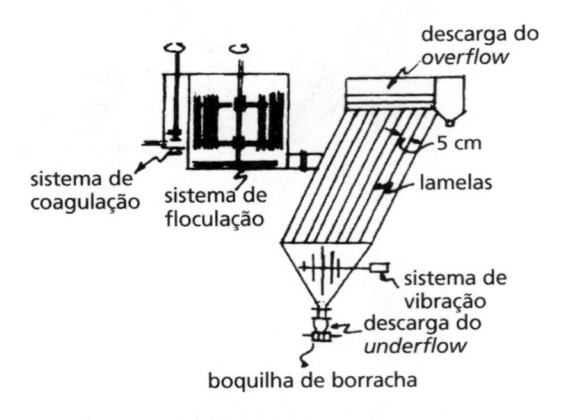

Fig. 2.45 Clarificador de lamelas instalado no Cetem
Fonte: Vidal e Horn Filho (1988).

- um tanque de coagulação de 20 L, junto a um tanque de floculação de 500 L;
- o espessador de lamelas, com 12 lamelas, espaçadas de 5 cm, inclinadas de 50°, largura de 35 cm e comprimento útil de 104 cm;
- descarga do *overflow* através de um tubo de 4", com orifícios de 1,5 cm de diâmetro para cada lamela;
- descarga do *underflow*, de formato piramidal, com palhetas vibratórias no interior e boquilhas de borracha para regulagem da vazão.

Apesar de todas essas vantagens, o espessador de lamelas ainda é caro: um equipamento com capacidade de 500 m³/h custa cerca de 400 mil dólares.

2.8.2 Superespessadores

O *superespessador* tem como premissa básica o uso de floculantes para o seu desempenho. Isso forçou algumas mudanças de projeto e o equipamento resultante difere muito do espessador convencional, especialmente na sua altura aumentada e na sua área reduzida. Entretanto, a mudança fundamental introduzida por esse conceito de equipamento é *trocar um investimento*, que é a diminuição do porte do equipamento, *por um custo operacional*, que é o consumo de reagentes.

Os superespessadores são máquinas de desenvolvimento recente, como as mostradas na Fig. 2.46. Eles têm uma área cerca de 20 vezes menor que o espessador convencional de mesma capacidade. O princípio da máquina está em flocular a alimentação e alimentar a polpa já floculada a meia altura do espessador (não mais próximo à superfície, como no espessador convencional). Os flocos vão crescendo pela incorporação de partículas sólidas e de outros flocos que encontram em sua trajetória. Ao atingirem um tamanho crítico, começam a sedimentar e são removidos pelo movimento do *rake*.

O mecanismo de espessamento, então, é a sedimentação por fase, obtida mediante o uso de floculantes. O princípio de funcionamento dos superespessadores é, portanto, diferente do verificado nos espessadores convencionais. O fato de a alimentação ser feita a meia altura implica que o volume destinado à clarificação do sobrenadante é maior que no classificador convencional e a clarificação do *overflow* é melhor.

Outra diferença básica é que os superespessadores são projetados para trabalhar sempre com a adição de polímeros, isto é, em troca da economia no investimento inicial (redução de área), deve-se conviver com o aumento do custo operacional (adição dos floculantes).

Como os diâmetros são pequenos, a construção é sempre do tipo ponte e, portanto, mais barata, podendo inclusive ser elevado em relação ao terreno. A potência instalada, porém, é a mesma do espessador convencional.

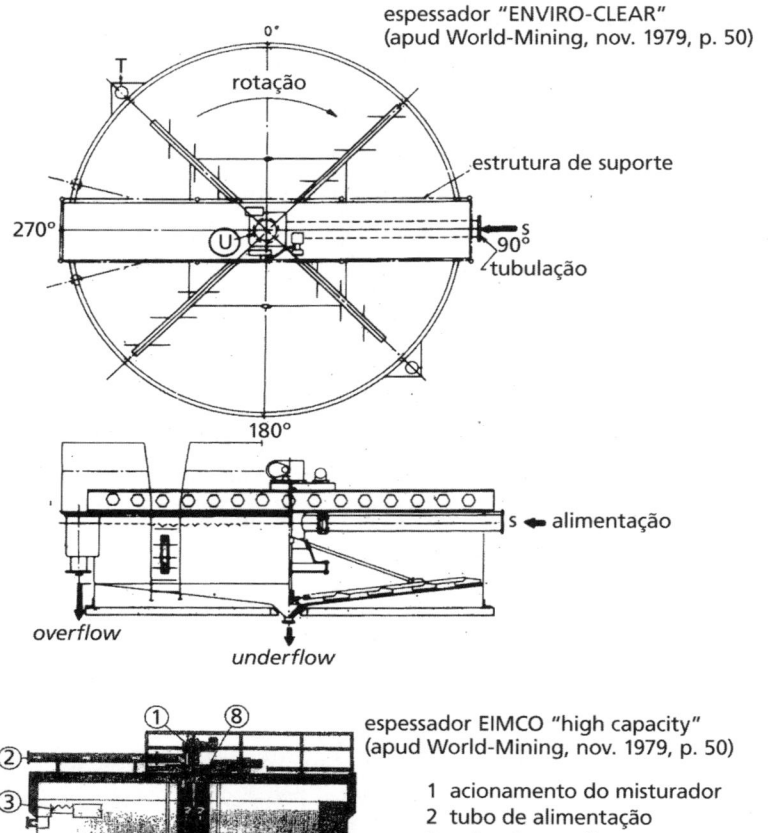

espessador "ENVIRO-CLEAR"
(apud World-Mining, nov. 1979, p. 50)

espessador EIMCO "high capacity"
(apud World-Mining, nov. 1979, p. 50)

1. acionamento do misturador
2. tubo de alimentação
3. calha de *overflow*
4. defletores internos
5. braço do rake
6. sensor de nível
7. tubo de alimentação do floculante
8. acionamento do rake com controle de torque
9. descarga do *underflow*
10. câmara de mistura

Fig. 2.46 Superespessadores
Fonte: *World Mining*, edição nov. 1979, p. 50.

Keane (1979) já comentava que parece óbvio que a gravidade responde apenas por parte da separação sólido-líquido nesse tipo de equipamento, e prefere referir-se ao mecanismo como de filtragem, em que o meio filtrante é a polpa em suspensão (ele deve estar se referindo à sedimentação por fase).

A alimentação é crítica no projeto de equipamentos desse tipo, pois o polímero deve ser perfeitamente misturado com a polpa, e as forças de cisalhamento resultantes da turbulência do escoamento devem ser minimizadas.

Também é crítico o controle do nível da zona de compressão. No modelo fabricado pela antiga Eimco, isso era feito por sensores sônicos, que, em alguns modelos, podem controlar automaticamente a velocidade das bombas do *underflow*. Maior sofisticação ainda é usar o sinal de nível e um sinal de densidade de polpa do *underflow* para informar um circuito lógico programado para controlar a dosagem de floculantes na alimentação (King, 1980).

2.8.3 Espessadores de pasta

A Fig. 2.47 mostra a evolução do uso de espessadores nas últimas décadas. Até a década de 1970, utilizavam-se os espessadores sem o uso de floculantes. Esses produtos eram caros e implicavam custos operacionais elevados. Não havia também produção nacional, de modo que eram importados, e a importação era sujeita aos

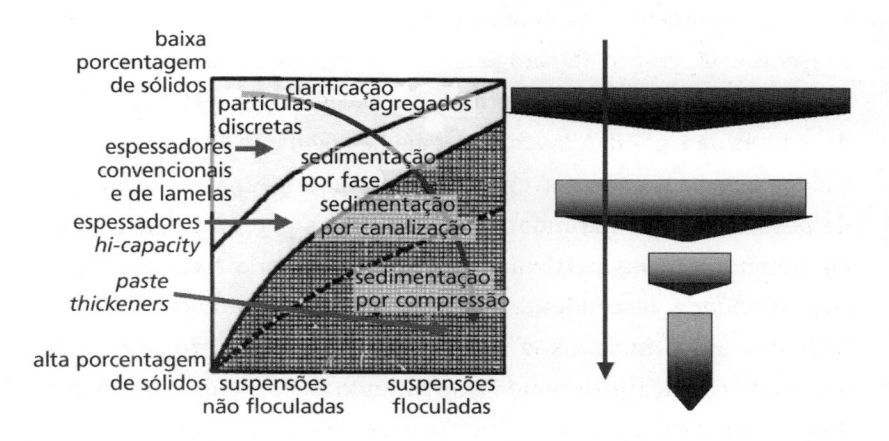

Fig. 2.47 Evolução dos espessadores

caprichos das autoridades, que podiam decidir proibi-la a qualquer momento. Não havia, portanto, garantia de suprimento. Utilizavam-se equipamentos grandes, de desenho clássico, com polpas diluídas e defloculadas. A preocupação toda, como já enfatizado, era com o adensamento do *underflow*, jamais com a clarificação do *overflow*. Todavia, a consciência ambiental começou a agir e as autoridades passaram a aplicar multas pelo lançamento de efluentes de má qualidade nos cursos d'água. Assim, começou-se a usar floculantes com o intuito de melhorar a qualidade do *overflow*. Isso era considerado, pelos empresários, como um aborrecimento e um custo adicional.

Com o uso continuado desses produtos, verificou-se que a razão de espessamento diminuía, ou seja, que com floculantes seria possível construir espessadores menores. O raciocínio, porém, era de que se estaria trocando um investimento (custo de capital) por um consumo obrigatório (custo operacional).

Com o barateamento dos produtos químicos e a sua fabricação no Brasil, paulatinamente eles começaram a ter uso generalizado e, com isso, os espessadores começaram a ter tamanho menor.

O mecanismo de espessamento, porém, era diferente: a sedimentação por fase. Como já foi discutido, uma polpa floculada tem comportamento totalmente diferente de uma polpa defloculada e diluída. Esse é o sentido do gráfico da paragênese de Fitch, mostrado nas Figs. 2.12 e 2.47. Em vez das quatro fases mostradas na Fig. 2.7, aparecem apenas as duas fases da Fig. 2.8. A macromolécula de floculante atrai as partículas sólidas para seus sítios carregados eletricamente. A molécula aumenta de peso e começa a afundar na polpa. Nesse percurso descendente, ela aprisiona novas partículas, aumentando ainda mais seu peso e sua velocidade descendente, como também outras macromoléculas, fechando ainda mais a sua malha. É como se um filtro se movesse dentro da polpa, aprisionando e arrastando as partículas para baixo e deixando passar apenas a água. Os flocos resultam grandes e soltos, com muita água retida no seu interior.

Os superespessadores tiraram partido disso: diminuíram o diâmetro dos flocos e aumentaram a altura da zona de compressão – valer lembrar que a polpa é muito mais solta e cheia d'água do que num espessador convencional, em que somos obrigados a obedecer à regra dos 3 ft. Com isso, provoca-se o fenômeno do *channeling*, em que os flocos se rompem e soltam a água contida neles.

Outra melhoria de projeto foi aumentar a altura da zona de clarificação. Além de aumentar a pressão sobre a zona de compressão, essa altura aumentada eleva o tempo de residência na zona de clarificação, melhorando ainda mais a qualidade do *overflow*.

O ganho foi evidente, uma vez que se diminuiu cerca de 20 vezes a área do espessador. O diâmetro menor permite a construção em ponte, com o equipamento suspenso do solo e sem os problemas geotécnicos trazidos pela construção do túnel sob o espessador.

A evolução seguinte foi trazida pela indústria do alumínio. O efluente mais problemático dessa indústria é a lama vermelha (*red mud*). Trata-se de uma polpa com partículas muito finas, em pH próximo de 10. A sua disposição em barragens é problemática e inúmeros acidentes de rompimento de barragens foram registrados, com extenso dano ambiental em cada caso.

A Alcan partiu para espessadores ainda mais altos, para aumentar o peso sobre a zona de compressão e, assim, obter um *underflow* mais adensado. A empresa visava diminuir a quantidade de soda na lama, recuperar mais soda que é retornada ao processo, bem como o aluminato arrastado pela solução e resolver o sério problema ambiental.

O resultado foi espetacular, não se obtendo mais uma polpa adensada no *underflow*, e sim uma pasta. Mais adiante, discutiremos as diferenças entre polpas e pastas.

Como o escoamento de pastas é mais difícil que o de polpas, foi necessário aumentar a inclinação da porção inferior do espessador, do que resultou um dos nomes do equipamento (*deep cone thickener*). O resultado foi uma nova geração de equipamentos, também chamados de espessadores de pasta (*paste thickeners*) (Fig. 2.48), cujo *underflow* tem o aspecto mostrado na Fig. 2.49.

A Fig. 2.50 mostra o *slump test* desse material: um cilindro de PVC é cheio com uma amostra de pasta. O cilindro é retirado e o material acomoda-se sob o seu próprio peso e é contido pela sua viscosidade. Resulta o tronco de cone mostrado. O abatimento (diferença entre a altura inicial e a final) é inversamente proporcional à viscosidade da pasta.

O bombeamento desse material é diferente do bombeamento de polpas, como se discute no primeiro volume desta série. As consequências de se dispor pastas em vez de polpas são revolucionárias em termos

Fig. 2.48 *Paste thickener*

Fig. 2.49 Pasta   **Fig. 2.50** *Slump test* de pasta

de barragens de rejeitos: os volumes dispostos são muito menores, e as pastas assentam-se no terreno formando cones, o que permite, em princípio, que a água da chuva escorra sobre eles, apenas uma pequena quantidade infiltrando-se no depósito.

Note o projeto do *rake* desse equipamento. Ele é dotado de barras verticais que servem para cortar o material depositado na zona de compressão do espessador. O funcionamento é semelhante aos das liras dos laticínios, que cortam os coágulos de queijo que estão se formando e permitem que o soro drene. As barras cortam o material floculado, arrebentam os flocos e desprendem a água neles contida.

O espessador Ultrasep tem o seu cone projetado de tal maneira que dispensa o uso de *rakes*.

A Tab. 2.3 compara os diferentes tipos de espessadores.

O espessador *deep cone* tem uma peça importante, o cilindro de descarga de *underflow*, que é o local onde são instalados os bocais de descarga para conexão:

- da bomba de *underflow* (tipo centrífuga ou de deslocamento positivo, dependendo das condições topográficas e da distância de descarga);
- da bomba de recirculação de polpa para o interior do tanque (a recirculação é chamada de *shear thinning*);
- de outros eventuais bocais, para drenagem e/ou instrumentação.

Tab. 2.3 COMPARAÇÃO ENTRE OS DIFERENTES TIPOS DE ESPESSADOR

Tipo	Geometria	Altura da zona de compr.	Tempo de residência na zona de compr.	Diâmetro máximo (aprox.)	Fator K*	Descarrega	% sólidos relativa dounderflow
convencional	convencional	1 m	médio	120 m	<25	polpa	1
paste thick.	cone 60°, s/ rake	2 a 6 m	baixo	12 m	–	pasta	2
paste thick.	idem, c/ rake	2 a 6 m	baixo	12 m	<25	pasta	3
paste thick. raso	cone 15°, c/ rake	3m	elevado	90 m	>100	pasta	4
Alcan	cone 30° a 45°	8 m	elevado	30 m	>150	pasta	5

* O fator K é um fator experimental que relaciona torque e diâmetro pela relação torque = K × d².

Fonte: Novas (1978).

Exercícios resolvidos[5]

O principal parâmetro para o dimensionamento de espessadores é a *razão de espessamento*, definida a partir dos ensaios:

$$\text{razão de espessamento} = \text{settling rate} = \left[\frac{ft^2}{t/24h}\right]$$

Ela exprime, portanto, quantos pés quadrados (ft^2) de área de espessador são necessários para espessar uma tonelada de minério em 24 horas, em unidades métricas, $m^2/(t/h)$. Esse valor vale para o material ensaiado (se variar a granulometria ou o teor, a razão de espessamento muda) e para a diluição de polpa ensaiada (se variar a porcentagem de sólidos da alimentação, a razão de espessamento muda).

O segundo e o terceiro parâmetros são a altura e o tempo de residência na zona de compressão. Eles governarão as características do *underflow* a ser retirado.

O último parâmetro a ser considerado é o *tempo de residência no espessador*. Este, como já visto, não é necessariamente o tempo para que se atinja a compactação máxima, mas um tempo necessário para que se atinja uma compactação adequada à operação unitária subsequente. Por exemplo, se o *underflow* for bombeado e o minério for um material adensável, como concentrado de minério de ferro, a compactação máxima não permitirá o bombeamento, sendo forçoso retirar o *underflow* com um adensamento menor.

Preocupação adicional é a capacidade de o espessador extravasar o *overflow*. Geralmente não constitui problema em espessadores, embora seja a maior preocupação quando se dimensionam clarificadores.

> **2.1** Definir a área (ou o diâmetro) e a altura de um espessador para operar nas seguintes condições:

---

[5]. A autoria da presente seção é de Arthur Pinto Chaves, Rogério Contato Guimarães e Cláudio Fernandes

- rejeito, densidade = 2,8;
- razão de espessamento = 0,08 m²/(t/dia);
- vazão de alimentação = 11,4 t/h;
- diluição de polpa da alimentação = 25%;
- tempos:
    t_C = 0,5 h (início da zona de compressão)
    t_D = 2,5 h (fim da zona de compressão)
    $t_U = t_D$ (o *underflow* será retirado com máximo adensamento)
- % sólidos: C = 45%; D = 55%.

Solução:

a] Área = 1,33 × 0,08 [m²/(t/dia)] × 11,4 t/h × 24 h/dia = 29,1 m². O diâmetro é, portanto, 6,1 m.

b] Altura da zona de compressão:

t_D = 2,5h (fim da zona de compressão)
t_C = 0,5h (início da zona de compressão)
2,0h = tempo na zona de compressão

- % sólidos: C = 45%, D = 55%, e % sólidos média na z.c. = 50%.

    Portanto:
    – Vazão média na z. compr. = $\frac{11,4}{0,5}$ = 22,8 t/h polpa
      – 11,4 t/h sólidos
      11,4 m³/h água
      11,4/2,8 = 4,1 m³/h sólidos
      15,5 m³/h polpa

- Volume da z. compr. = 15,5 m³/h × 2 h = 31,0 m³ (muitos projetistas utilizam um fator de segurança; porém, se o ensaio tiver sido bem feito, parece desnecessário!)

- Então, altura da zona compr. = $\frac{volume}{área}$ = $\frac{31,0}{29,1}$ = 1,1 m = 3,5 ft
  >3 ft

- Ou seja, *a área tem de ser aumentada!*

- Nova área = $\frac{3,5}{3}$ × 29,1 = 3,9 m², ou novo diâmetro = 6,6 m.

c] Altura total do espessador

- Vazão de alimentação = $\frac{11,4}{0,25}$ = 45,6 t/h polpa
  - 11,4 t/h sólidos
  34,2 m²/h água
  + 4,1 m³/h sólidos
  38,3 m³/h polpa

♦ Volume do espessador = vazão × t_U = 38,3 m³/h × 2,5 h = 95,8 m³
♦ Ou, altura necessária = $\frac{95,8}{33,9}$ = 2,8 m = 9,3 ft >9 ft [(z. compr. = 3 ft) + (z. transição = 2 ft) + (z. alim. = 2ft) + (z. clarific. = 2 ft)]
♦ Ou seja, *a área tem de ser aumentada novamente!*
♦ Nova área = $\frac{9,3}{9}$ × 33,9 = 34,9 m², ou, novo diâmetro = 6,7 m

Resp.: espessador de 34,9 m² (6,7 m de diâmetro) e altura total de 9 ft.

Método de Talmage e Fitch

Esse método admite que a razão de espessamento é aquela determinada para as condições operacionais reais. Disso decorre que apenas um ensaio é feito, e sobre os seus resultados são feitos todos os cálculos de dimensionamento.

Critério de dimensionamento: a razão de espessamento é dada por:

$$\text{razão de espessamento} = \frac{t_C}{C_A \times H_A} \times \text{fator}$$

2.2 Dimensionar um espessador para 40 t/h de sólidos de densidade 2,65. O ensaio de espessamento foi feito em proveta de constante 0,02025 cm/mL e tara 1.140 g. A proveta cheia pesou 3.270 g. O *underflow* pode ser bombeado com o máximo adensamento possível, de modo que esta deve ser a condição para a retirada do *underflow*. Os resultados do ensaio são mostrados a seguir.

t (min)	H (mL)	t (min)	H (mL)
0	2.000	10	890
1	1.730	15	810
2	1.510	20	760
3	1.330	30	700
4	1.190	40	670
5	1.100	60	620
6	1.040	120	570
7	980	240	530
8	950	24 h	530
9	920		

Solução:

a] O tratamento deve ser feito segundo Talmage e Fitch, uma vez que há apenas um ensaio disponível. O primeiro passo é calcular todos os parâmetros da polpa espessada e da alimentação, com base nos dados do enunciado do problema.

Alimentação:
- proveta cheia = 3.270 g
- tara = 1.140 g
- peso da polpa = 2.130 g
- volume inicial = 2.000 mL
- densidade da polpa = 1,065 g/cm^3 ⇒ % sólidos = 9,8 %
- massa de sólidos = 208,8 g

Underflow:
- volume de polpa = 530 mL
- massa de sólidos = 208,8 g
- volume dos sólidos = 208,8/2,65 = 78,8 mL
- água no *underflow* = 530 − 78,8 = 451,2 mL = 451,2 g
- massa de polpa = 451,2 + 208,8 = 660,0 g
- % sólidos no UF = 31,7%
- densidade de polpa = 660/530 = 1,25

b] O segundo passo é *construir a curva de espessamento*. Como a curva se refere a mm, e não a mL, como fornecido no enunciado, utilizamos a constante de proveta para efetuar essa conversão. Você vai ter de construí-la, pois as figuras são pequenas e intencionalmente vagas.

Tempo (min)	Volume (mL)	Altura (cm)
0	2.000	40,5
1	1.730	35,03
2	1.510	30,58
3	1.330	26,93
4	1.190	24,1
5	1.100	22,28
6	1.040	21,06
7	980	19,85
8	950	19,24
9	920	18,63
10	890	18,02
15	810	16,4
20	760	15,39
30	700	14,18
40	670	13,57
60	620	12,56
120	570	11,54
240	530	10,73
1.440	530	10,73

Construída a curva (Fig. 2.51), que demonstra ser um material floculado, de sedimentação bastante rápida, temos que *determinar os parâmetros do ponto crítico* (e dos demais pontos notáveis).

A curva da Fig. 2.51 não permite identificá-los com precisão. Somos obrigados a recorrer aos artifícios descritos anteriormente. Para isso, ou trabalhamos com papéis mono-log ou log-log, ou

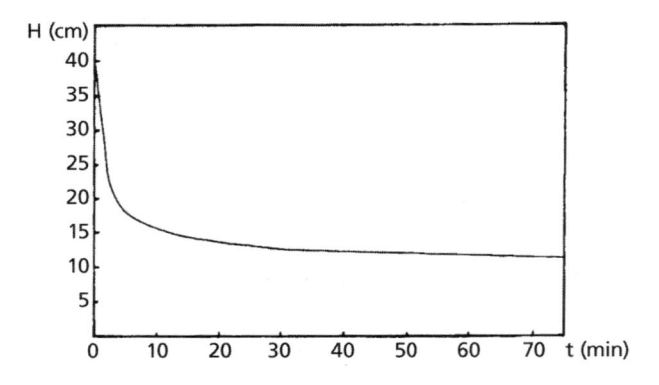

Fig. 2.51 Curva de espessamento

então calculamos os logaritmos das grandezas necessárias e traçamos o gráfico em papel milimetrado. Ao trabalharmos dessa última maneira, temos de fazer os seguintes cálculos:

Tempo (min)	log t	Volume (mL)	Altura (cm)	log H	log (H-Hf)	log (H-Hf)/t
0	2,000	40,5	1,61	1,47	–	–
1	0	1730	35,03	1,54	1,39	–
2	0,301	1510	30,58	1,49	1,30	1,00
3	0,477	1330	26,93	1,43	1,21	0,73
4	0,602	1190	24,1	1,38	1,13	0,52
5	0,669	1100	22,28	1,35	1,06	0,36
6	0,778	1040	21,06	1,32	1,01	0,24
7	0,845	980	19,85	1,3	0,96	0,11
8	0,903	950	19,24	1,28	0,93	0,03
9	0,954	920	18,63	1,27	0,9	−0,06
10	1	890	18,02	1,26	0,86	−0,14
15	1,176	810	16,4	1,21	0,75	−0,42
20	1,301	760	15,39	1,19	0,67	−0,63
30	1,477	700	14,18	1,15	0,54	−0,94
40	1,602	670	13,57	1,13	0,45	−1,15
60	1,778	620	12,56	1,1	0,26	−1,52

Tempo (min)	log t	Volume (mL)	Altura (cm)	log H	log (H-Hf)	log (H-Hf)/t
120	2,079	570	11,54	1,06	−0,09	−2,17
240	2,38	530	10,73	1,03	−	−
1.440	3,158	530	−	−	−	−

O último ponto não pode ser considerado, porque ele está fora dos trechos da curva de espessamento que nos interessam. Colocá-lo no gráfico atrapalhará a interpretação com esses valores. Construímos os seguintes gráficos:
- $\log(H - H_f) \times \log t$ (Fig. 2.52), papel log-log;
- $\log(H - H_f)/t \times \log t$ (Fig. 2.53), papel log-log;
- $\log H \times \log t$ (Fig. 2.54), papel monolog.

Os valores encontrados pelos diferentes métodos são comparados na tabela abaixo:

Método	t_B	t_C
$\log(H - H_f) \times \log t$	3,5	25,6
$\log(H - H_f)/t \times \log t$	5,2	44,7
$\log H \times \log t$	7,9	39,8
leitura direta (Fig. 2.30)	3,0	105,0

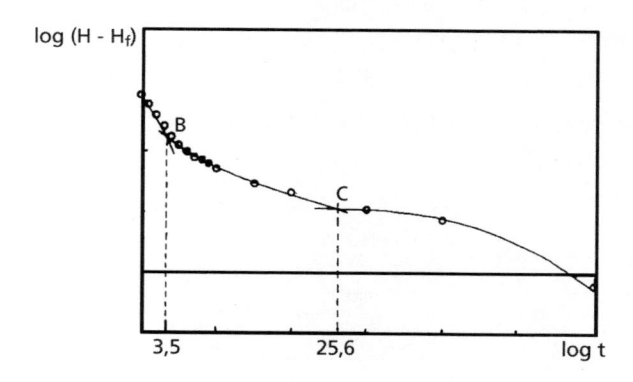

Fig. 2.52 $\log(H - H_f) \times \log t$

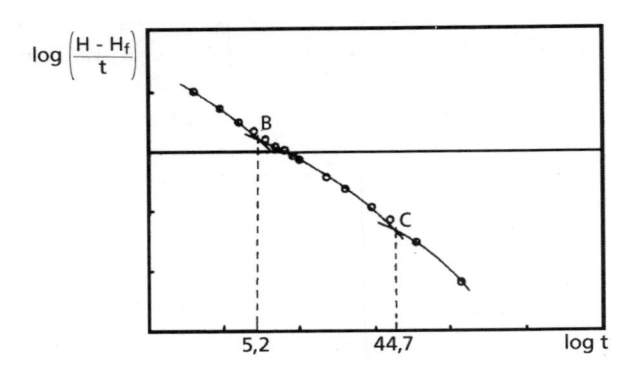

Fig. 2.53 $\log(H - H_f)/t \times \log t$

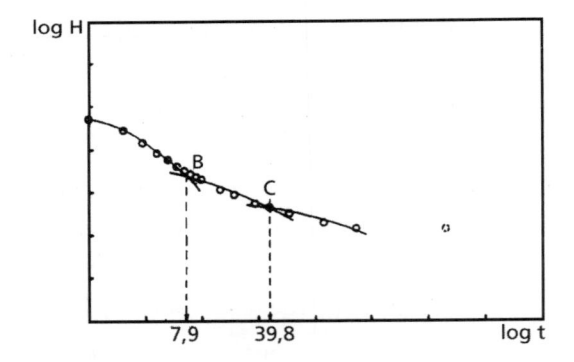

Fig. 2.54 $\log H \times \log t$

Adotaremos, para efeito de resolução deste exercício: $t_B = 3{,}5$ min e $t_C = 41$ min.

Voltando à Fig. 2.51, com esses dois valores, podemos usar o método da bissetriz e o método de Oltmann (Fig. 2.55). Encontramos:

Método	t_U
Bissetriz	34,2
Oltmann	47,5

Veja, portanto, como é subjetivo esse trabalho, e dele depende todo o dimensionamento que será feito para esse equipamento tão caro e de tanta responsabilidade!

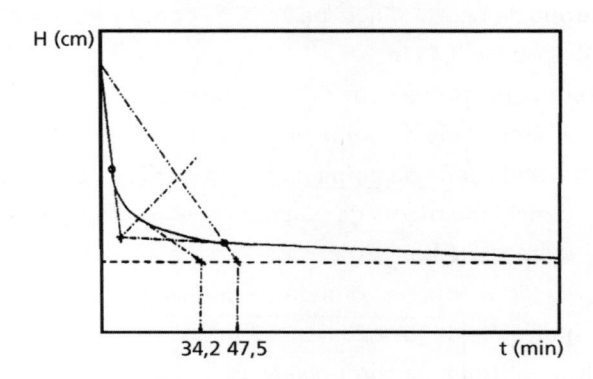

Fig. 2.55 Métodos de Oltmann e da bissetriz

Para a continuação da resolução do exercício, adotaremos o valor determinado pelo metodo da bissetriz, 34,2 min = 0,57 h. A ele, como já mencionado, corresponde um fator de escala de 1,33, quando a unidade de massa é a *short ton* (st).

c] *Cálculo da Razão de Espessamento*

$$R = \frac{t_C}{C_A H_A}$$

$t_C = 34{,}2$ min $= 0{,}57$ h

$C_A = \frac{208{,}74}{2.000} = 0{,}104$ g/mL $= 0{,}104$ t/m^3

$H_A = 2.000$ mL × constante da proveta $= 2.000 \times 0{,}02025 = 40{,}5$ cm $= 0{,}405$ m

Então:

$$R = \frac{0{,}57}{0{,}104 \times 0{,}405} = 13{,}5 \, m^2/(t/h)$$

d] *Cálculo da Área do Espessador*

1,333/0,907 = 1,471 (o número 1,333 é o fator de escala; Talmage e Fitch adotam um fator de escala de 1,29 e Oltmann, 1,2 – não se trata de coeficiente de segurança!)

- Área do espessador $= Q \times R \times 1{,}47 = 40 \times 13{,}5 \times 1{,}47 = 793{,}8$ m^2 (essa área corresponde a um diâmetro de 31,8 m).

e] *Cálculo da Altura da Zona de Compressão*
- Tempo de permanência na zona de compressão $= 240 - 34{,}2 = 205{,}8$ min $= 3{,}43$ h
- Volume médio na zona de compressão:
  - densidade de polpa no ponto D $= 660 / 530 = 1{,}25$
  - densidade de polpa no ponto C $= 750 / 620 = 1{,}21$
  * densidade média de polpa na zona de compressão $= 1{,}23$
  * sólidos média $= 30\%$
  * vazão média na zona de compressão $= 40/0{,}30 = 133{,}2$ t/h polpa, ou $133{,}2/1{,}23 = 108{,}3$ m^3/h
- Altura da zona de compressão $= \frac{108{,}3}{793{,}8} = 0{,}14$ m $= 0{,}42$ ft
- Aplicando a regra dos 3 ft, adotamos 0,5 ft.

f] *Cálculo da Altura do Espessador*
- Área do espessador $= 793{,}8$ m^2
- $t = 4$ h
- Vazão de polpa $= 40$ t/h $/ 0{,}098 = 408{,}2$ t/h
  - $408{,}2 - 40 = 368{,}2$ m^3/h água
  - $40/2{,}65 = 15{,}1$ m^3/h sólidos
  - $\Rightarrow 383{,}3$ m^3/h polpa
- Volume do espessador $= 383{,}3$ m^3/h $\times 4$ h $= 1.533{,}2$ m^3
- Altura necessária $= \frac{\text{volume}}{\text{área}} = \frac{1.533{,}2\,\text{m}^3}{793{,}8\,\text{m}^3} = 1{,}93$ m $= 6{,}3$ ft
- Aplicando a regra dos 3ft, adotamos $2 + 2 + 2 + 0{,}5 = 6{,}5$ ft.

Método de Coe e Clevenger

Esse método admite que a razão de espessamento é função exclusiva da velocidade de sedimentação na zona de sedimentação livre. Disso decorre que a velocidade de sedimentação tem o mesmo valor tanto no ensaio em proveta como na operação contínua.

Fato experimental: a razão de espessamento varia conforme varia a porcentagem de sólidos, passando por um máximo. Em consequência, admite-se que, dentro do espessador, a porcentagem de sólidos aumenta continuamente até chegar a um valor crítico, o qual define a capacidade de espessamento para a polpa em estudo.

Quando a área de um espessador é insuficiente, os sólidos afundam até alcançar a zona onde a diluição é crítica. Então a sua velocidade diminui, eles começam a se acumular, aumentam de volume, enchem todo o espessador e acabam por transbordar pelo *overflow*. Se, ao contrário, o espessador tiver sido calculado para a sua seção dar vazão à alimentação na porcentagem crítica, haverá folga para qualquer outra porcentagem de sólidos.

Critério de dimensionamento segundo Coe e Clevenger: o espessador deve ter área suficiente para, na concentração crítica, atender à vazão necessária.

Procedimento experimental: procede-se a uma série de ensaios (usualmente seis), variando a porcentagem de sólidos da alimentação. Para cada um desses ensaios:

1 traça-se a curva de espessamento;
2 identificam-se os valores H_A, H_B, t_B e a porcentagem inicial e final de sólidos;
3 calcula-se a velocidade de sedimentação na zona de sedimentação livre, dada por:

$$V = \frac{H_A - H_B}{T_B} \times 60 \, (\text{ft/h})$$

Esse valor é, em geral, expresso em ft/h.

Essa fórmula é uma simplificação e toma a velocidade média de sedimentação livre. O método original de Coe e Clevenger utiliza o traçado da tangente à curva (derivada) para medir esse valor;

4 calcula-se a razão de espessamento $= 1,471 \frac{D_A - D_U}{V} \frac{\text{ft}^2}{\text{t/24h}}$

onde:

D é a razão (massa de água/massa de sólidos);

A refere-se à alimentação;

U refere-se ao *underflow*;

V é a velocidade de sedimentação na zona de sedimentação livre (ft/h).

Para ft²/(st/24h), use o fator 1,333, e para ft² (t/h) use 1,471 = 1,333/0,907;

5 traça-se a curva razão de espessamento em função da porcentagem de sólidos. Escolhe-se o ponto de máximo. Utiliza-se esse ensaio e os parâmetros calculados a partir dele para o dimensionamento.

2.3 Dimensionar um espessador para espessar 11,4 t/h de rejeito de densidade 2,7. Os ensaios para o seu dimensionamento foram realizados segundo Coe e Clevenger, resultando nos valores mostrados na tabela a seguir:

% sólidos alimentação	% sólidos underflow	v (ft/h)
6,6	64,8	25
7,1	64,5	19
7,8	64,5	11
9,4	64,3	6
18,6	63,5	2,5
25,2	63,0	2
25,9	63,0	2

Solução:

a] Os dados experimentais podem ser tratados numa planilha eletrônica, como a mostrada abaixo, para fornecerem os parâmetros necessários para que se encontre a razão de espessamento crítica:

Ensaio	1	2	3	4	5	6	7
% sólidos	6,6	7,1	7,8	9,4	18,6	25,2	25,9
g sól./100 g polpa	6,6	7,1	7,8	9,4	18,6	25,2	25,9
g água/100 g polpa	93,4	92,9	92,2	90,6	81,4	74,8	74,1
D_A	14,2	13,1	11,8	9,6	4,4	3,0	2,9
volume sólidos	2,4	2,6	2,9	3,5	6,9	9,3	9,6
volume polpa	95,8	95,5	95,1	94,1	88,3	84,1	83,7

Ensaio	1	2	3	4	5	6	7
% sólidos UF	64,8	64,5	64,5	64,3	63,5	63,0	63,0
g sól./100 g polpa	64,8	64,5	64,5	64,3	63,5	63,0	63,0
g água/100 g polpa	35,2	35,5	35,5	35,7	36,5	37,0	37,0
D$_U$	0,54	0,55	0,55	0,56	0,57	0,59	0,59
v	25	19	11	6	2,5	2	2
razão de espessamento	0,80	0,97	1,50	2,19	2,25	1,77	1,70

A razão de espessamento crítica é, portanto, $2{,}19\,\text{ft}^2/(\text{t}/24\text{h})$ e ocorre com alimentação a 9,4% de sólidos.

b] *Área de espessamento*: preste atenção ao fato de que a unidade em que a razão de espessamento está expressa é t/24h e a alimentação, em t/h. Elas precisam ser tornadas coerentes:

$S = 11{,}4\,\text{t/h} \times 2{,}19\,\text{ft}^2/(\text{t/dia}) \times 24\,(\text{h/dia}) = 599{,}2\,\text{ft}^2$

O espessador deve ter, portanto, 27,6 ft de diâmetro = 8,4 m.

2.4 Ensaios de espessamento de concentrado de fluorita deram os resultados mostrados nas planilhas C4, C5, C6, C7 e C9. Tratar esses resultados segundo Coe e Clevenger. Dimensionar um espessador para 150 t/h de sólidos. Densidade dos sólidos = 2,83.

PROJETO: exemplo	Resp.: Iberê		
			Local: EPUSP
			Data: 15/1
			contrato
CLIENTE: exemplo			
MATERIAL: sem deslamar	AMOSTRA C-4		
ORIGEM			
	MEDIDAS DE ESPESSAMENTO		
OBJETO DO ENSAIO	tempo	altura	altura
	(min)	(mL)	(ft)
	0,5	85	0,91
DENSIDADE DO SÓLIDO	1,0	785	0,84
DENSIDADE DA POLPA: 1,35	1,5	720	0,77
% sólidos inicial: 37,0	2,0	670	0,72
% sólidos final: 70,7	2,5	610	0,65
pH 7,72	3,0	550	0,59
DISTRIBUIÇÃO GRANULOMÉTRICA	3,5	495	0,53
-100#	4,0	460	0,49
-100 +200#	4,5	430	0,46
-200 +325#	5,0	400	0,43
-325#	6,0	360	0,39
	7,0	335	0,36
FLOCULANTE: nenhum	8,0	315	0,34
marca	9,0	300	0,32
diluição	11,0	290	0,31
mL adicionados	15,0	285	0,30
	20,0	282	0,30
UNDERFLOW:	30,0	282	0,30
volume não decantado:	45,0	282	0,30
peso da proveta cheia: 1670 g	60,0	282	0,30
tara: 523 g			
peso da polpa: 1147 g			
peso dos sólidos: 367 g			
densidade do sobrenadante:			
densidade dos sólidos:			
CONSTANTE DA PROVETA (ft/mL): 0,00107			

2 Espessamento

PROJETO: exemplo	Resp.: Iberê		
	Local: EPUSP		
	Data: 15/1		
	contrato		

CLIENTE: exemplo			
MATERIAL: sem deslamar	AMOSTRA C-5		
ORIGEM			
	MEDIDAS DE ESPESSAMENTO		
OBJETO DO ENSAIO	tempo	altura	altura
	(min)	(mL)	(ft)
DILUIÇÃO INICIAL: 40%	0,0	650	0,70
DENSIDADE DO SÓLIDO	0,5	605	0,65
DENSIDADE DA POLPA: 1,36	1,0	560	0,60
% sólidos inicial: 41,4	1,5	545	0,58
% sólidos final: 72,4	2,0	520	0,56
pH 7,72	2,5	495	0,53
DISTRIBUIÇÃO GRANULOMÉTRICA	3,0	470	0,50
-100#	3,5	440	0,49
-100 +200#	4,0	420	0,45
-200 +325#	4,5	395	0,42
-325#	5,0	375	0,40
	6,0	345	0,39
FLOCULANTE: nenhum	7,0	315	0,34
marca	8,0	300	0,32
diluição	9,0	282	0,30
mL adicionados	10,0	280	0,30
	15,0	275	0,29
UNDERFLOW:	18,0	270	0,29
volume não decantado:	25,0	270	0,29
peso da proveta cheia: 1537 g	45,0	270	0,29
tara: 650 g	60,0	270	0,29
peso da polpa: 887 g			
peso dos sólidos: 367 g			
densidade do sobrenadante:			
densidade dos sólidos:			
CONSTANTE DA PROVETA (ft/mL): 0,00107			

PROJETO: exemplo	Resp.: Tico		
	Local: EPUSP		
	Data: 16/1		
	contrato		
CLIENTE: exemplo			
MATERIAL: sem deslamar	AMOSTRA C-6		
ORIGEM			
	MEDIDAS DE ESPESSAMENTO		
OBJETO DO ENSAIO	tempo	altura	altura
	(min)	(mL)	(ft)
DILUIÇÃO INICIAL: 50%	0,0	480	0,51
DENSIDADE DO SÓLIDO	0,5	458	0,49
DENSIDADE DA POLPA	1,0	449	0,48
% sólidos inicial: 45%	1,5	438	0,47
% sólidos final: 73,3%	2,0	425	0,45
pH 7,72	2,5	415	0,44
DISTRIBUIÇÃO GRANULOMÉTRICA	3,0	403	0,43
-100#	3,5	390	0,42
-100 +200#	4,0	380	0,41
-200 +325#	4,5	370	0,40
-325#	5,0	358	0,38
	6,0	330	0,35
FLOCULANTE: nenhum	7,0	320	0,34
marca	8,0	300	0,32
diluição	9,0	285	0,30
mL adicionados	10,0	280	0,29
	15,0	270	0,29
UNDERFLOW:	20,0	270	0,29
volume não decantado:	30,0	270	0,29
peso da proveta cheia: 1234 g	45,0	270	0,29
tara: 523 g	60,0	270	0,29
peso da polpa: 711 g			
peso dos sólidos: 367 g			
densidade do sobrenadante:			
densidade dos sólidos			
CONSTANTE DA PROVETA (ft/mL): 0,00107			

2 Espessamento

PROJETO: exemplo		Resp.: Tico		
				Local: EPUSP
				Data: 16/1
				contrato
CLIENTE: exemplo				
MATERIAL: sem deslamar		AMOSTRA C-7		
ORIGEM				
		MEDIDAS DE ESPESSAMENTO		
OBJETO DO ENSAIO		tempo	altura	altura
		(min)	(mL)	(ft)
DILUIÇÃO INICIAL: 30%		0,0	860	0,95
DENSIDADE DO SÓLIDO		0,5	770	0,85
DENSIDADE DA POLPA: 1,26		1,0	680	0,75
% sólidos inicial: 30,8		1,5	600	0,66
% sólidos final: 71,8		2,0	520	0,57
pH 7,58		2,5	450	0,50
DISTRIBUIÇÃO GRANULOMÉTRICA		3,0	380	0,42
-100#		3,5	320	0,35
-100 +200#		4,0	305	0,34
-200 +325#		4,5	290	0,32
-325#		5,0	275	0,30
		6,0	260	0,29
FLOCULANTE: nenhum		7,0	250	0,28
marca		8,0	247	0,27
diluição		9,0	245	0,27
mL adicionados		12,0	242	0,26
		15,0	242	0,26
UNDERFLOW:		20,0	242	0,26
volume não decantado:		25,0	242	0,26
peso da proveta cheia:	1721 g	30,0	242	0,26
tara:	640 g			
peso da polpa:	1081 g			
peso dos sólidos:	332,5 g			
densidade do sobrenadante:				
densidade dos sólidos				
CONSTANTE DA PROVETA (ft/mL): 0,00107				

PROJETO: exemplo	Resp.: Tico		
	Local: EPUSP		
	Data: 16/9		
	contrato		

CLIENTE: exemplo			
MATERIAL: sem deslamar	AMOSTRA C-9		
ORIGEM			
	MEDIDAS DE ESPESSAMENTO		
OBJETO DO ENSAIO	tempo (min)	altura (mL)	altura (ft)
DILUIÇÃO INICIAL: 45%	0,0	450	0,50
DENSIDADE DO SÓLIDO: 2,83	0,5	420	0,46
DENSIDADE DA POLPA: 1,48	1,0	400	0,44
% sólidos inicial: 45	1,5	385	0,42
% sólidos final: 73,1	2,0	370	0,41
pH	2,5	350	0,39
DISTRIBUIÇÃO GRANULOMÉTRICA	3,0	335	0,37
-100#	3,5	318	0,35
-100 +200#	4,0	305	0,34
-200 +325#	4,5	290	0,32
-325#	5,0	280	0,31
	6,0	265	0,29
FLOCULANTE: nenhum	7,0	255	0,28
marca	8,0	250	0,28
diluição	9,0	245	0,27
mL adicionados	10,0	242	0,27
	15,0	240	0,26
UNDERFLOW:	20,0	240	0,26
volume não decantado:	25,0	240	0,26
peso da proveta cheia: 1305 g	30,0	240	0,26
tara: 640 g	1440,0	240	0,26
peso da polpa: 665 g			
peso dos sólidos: 332,5 g			
densidade do sobrenadante:			
densidade dos sólidos			

CONSTANTE DA PROVETA (ft/mL): 0,00108

2 Espessamento 155

Solução:

a] Inicialmente, traçam-se as curvas de espessamento (Fig. 2.56) e tenta-se identificar o ponto B para cada ensaio. Os diagramas lineares não permitem identificá-lo, de modo que é necessário recorrer aos diagramas log-log, como mostrado na Fig. 2.57.

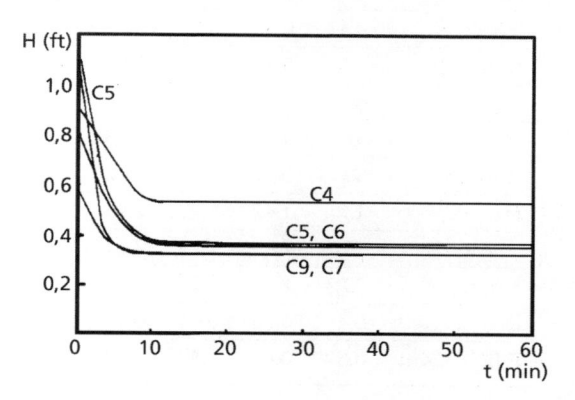

Fig. 2.56 Curvas de espessamento

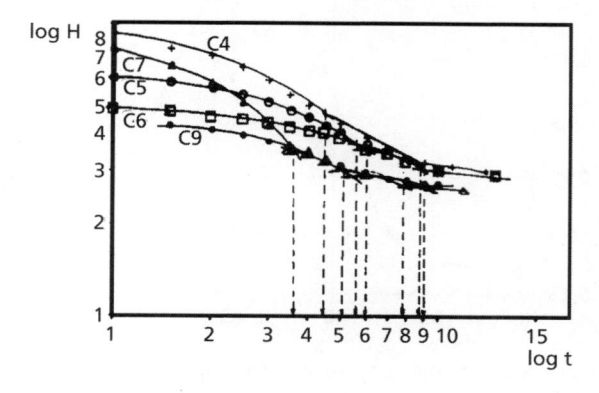

Fig. 2.57 Diagrama log-log

b] Calculam-se as velocidades de sedimentação no ponto B mediante a fórmula:

$$V = \frac{H_A - H_B}{t_B} \times 60 \, (\text{ft/h})$$

e as áreas de espessamento correspondentes com base na seguinte tabela:

Ensaio	C4	C5	C6	C7	C9
Ho (ft)	0,91	0,7	0,57	0,95	0,5
HB (ft)	0,43	0,4	0,35	0,35	0,29
tB (min)	4,5	5,6	6	3,6	5
V (ft/h)	6,4	3,21	1,6	10	2,52
sólidos A	37	41,4	45	30,8	50
% água A	63	58,6	55	69,2	50
D_A	1,7	1,42	1,22	2,25	1
sólidos U	70,7	72,4	73,3	71,8	73,1
h água U	29,3	27,6	26,7	28,2	26,9
D_U	0,41	0,38	0,36	0,39	0,37
R (ft²/t/24h)	0,3	0,48	0,53	0,27	0,37

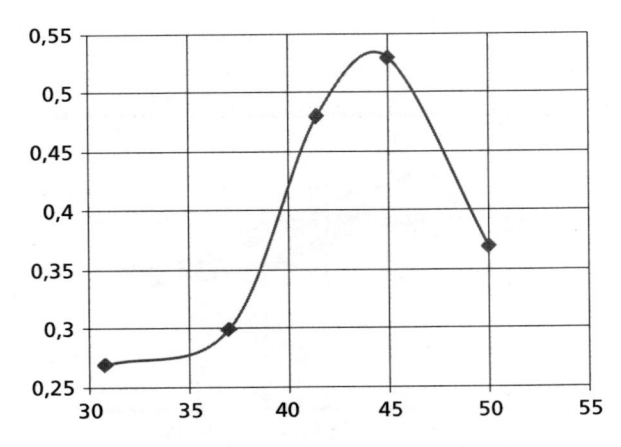

Fig. 2.58 Gráfico razão de espessamento × porcentagem de sólidos

c] Traça-se o gráfico relacionando a razão de espessamento e a porcentagem de sólidos (Fig. 2.58).

d] Cálculo da área de espessamento: a diluição crítica é, então, 45% de sólidos. Nessa condição, que equivale ao ensaio C6, os parâmetros da operação podem ser obtidos da folha de ensaio correspondente. Adotamos 73% de sólidos como diluição final. A razão de espessamento é $0{,}53\,\text{ft}^2/(\text{t}/24\text{h})$.

A área necessária para o espessamento fica, então:
$$A = 1{,}33 \times 150\,\text{t/h} \times 24\,\text{h/dia} \times 0{,}53\,\text{ft}^2/(\text{t}/24\text{h}) = 2.537{,}6\,\text{ft}^2 = 235{,}8\,\text{m}^2,$$

o que corresponde a um espessador de 17,3 m de diâmetro.

e] Cálculo da altura da zona de compressão: da curva do ensaio C6, determinamos os pontos inicial e final da compressão e os tempos correspondentes:

- ponto C: $t_c = 7{,}8$ min
  * volume de polpa = 280 mL
  * massa de sólidos = 367 g; 367/2,83 = 129,7 mL sólidos
  * 129,7/280 = 46,3% sólidos em volume
- ponto D: $t_d = 15$ min
  * volume de polpa = 270 mL
  * massa de sólidos = 367 g; 367/2,83 = 129,7 mL sólidos
  * 129,7/280 = 48,0% sólidos em volume
- porcentagem de sólidos média na compressão = $\frac{(46{,}3+48)}{2}$ = 47,2% v/v
- vazão média na zona de compressão = $\frac{150}{2{,}83 \times 0{,}472}$ = 112,3 m³/h
- altura da zona de compressão = $\frac{\text{vazão média} \times \text{t. compress.}}{\text{área do espessador}}$ = $\frac{112{,}3 \times (15-7{,}8)}{235{,}8 \times 60\,\text{min/h}}$ = 0,06 m = 0,2 ft

f] Altura total:
- alimentação: 45% sólidos w/w
  150 t/h sólidos = 53,0 m³/h sólidos
  333,3 t/h polpa = 183,3 m³/h água
  236,3 m³/h polpa; 22,4 % v/v
- altura total necessária = $\frac{236{,}3\,\text{m}^3/\text{h} \times 15\,\text{min}}{235{,}8\,\text{m}^2 \times 60\,\text{min/h}}$ = 0,25 m = 0,8 ft

A prática recomenda obedecer à regra dos dois pés:
- altura da zona de clarificação = 2 ft
- altura da zona de alimentação = 2 ft
- altura da zona de transição = 2 ft

♦ altura da zona de compressão = 1/2 a 3 ft

Adotamos, portanto, 2 ft para cada zona e 1/2 ft para a compressão, resultando a altura total de 6,5 ft.

Referências bibliográficas

COE, H. S.; CLEVENGER, G. H. Methods for determining the capacities of slime settling tanks. *Transactions of the American Institute of Mining, Metallurgical and Petroleum Engineers*, v. 60, p. 356-384, 1916.

FITCH, B. A mechanism of sedimentation. *Industrial and Engineering Chemistry*, v. 5, n. 1, p. 129-134, 1966a.

_____. Current theory and thickener design. *Industrial and Engineering Chemistry*, v. 58, n. 10, p. 18-28, 1966b.

FITCH, E. B.; STEVENSON, D. G. Gravity separation equipment: clarification and thickening. In: PURCHAS, D. B. (Ed.). *Solid-liquid equipment scalle-up*. Croyden: Uplands Press, 1977. p. 81153.

GAUDIN, A. M.; FUERSTENEAU, M. C.; MITCHELL, S. R. Effect of pulp depth and inicial pulp density in batch thickening. *Mining Engineering*, v. 11, p. 613-6, 1959.

HASSETT, N. J. Thickening in theory and practice. *Mineral Science and Engineering*, v. 1. p. 24-40, jan. 1970.

KEANE, J. M. Sedimentation: theory, equipment and methods. *World Mining*, p. 44-51, nov. 1979; p. 48-53, dez. 1979.

KELLY, E. G.; SPOTTISWOOD, D. J. Introduction to mineral processing. New York: J. Wiley & Sons, 1982. Cap. 17, p. 327-342.

KING, D. L. Thickeners. In: MULAR, A. L.; BHAPPU, R. B. (Ed.). *Mineral processing plant design*. New York: AIME/SME, 1978. p. 541-577.

KOS, P. Review of sedimentation and thickening. In: SOMASUDARAN, P. (Ed.). *Fine particles processing*. New York: J. Wiley & Sons, 1980. Cap. 80, p. 1594-1618.

KYNCH, G. J. Theory of sedimentation. Transactions Faraday Society, v. 48, p. 166-176, 1952.

MASINI, E. A. *Efeito das dimensões de provetas no dimensionamento de espessadores*. Dissertação (Mestrado) – Escola Politécnica da Universidade de São Paulo, São Paulo, 1995.

MICHAELS, A. S.; BOLGER, J. C. Settling rates and sediment volumes of flocculated kaolin suspensions. *Industrial and Engineering Chemistry Fundamentals*, v. 1, n.1, p. 24-32, fev. 1962.

MONCRIEFF, A. G. Theory of thickener design based on batch sedimentation test. *Transactions of the American Institute of Mining, Metallurgical and Petroleum Engineers*, v. 73, p. 729-759, jul. 1964.

NOVAS técnicas para espessador de rejeito. M e P, aço. p. 24-27, 1978.

PERES, A. E. C.; COELHO, E. M.; ARAÚJO, A. C. Flotação, espessamento, filtragem, deslamagem e floculação seletiva. In: *Tratamento de Minérios e Hidrometalurgia in Memoriam Professor Paulo Abib Andery*. Recife: ITEP, 1980. p. 205-286.

PURCHAS, D. B. An experimental approach to solid-liquid separation. In: _____. (Ed.) *Solid-liquid equipment scalle-up*. Croyden: Uplands Press, 1977. p. 1-14.

SCOTT, K. J. Theory of thickening; factors affecting the settling rate of solids in flocculated pulps. *Transactions of the American Institute of Mining, Metallurgical and Petroleum Engineers*, v. 77, p. c85-c97,1968.

SHANNON, P. T.; STROUPE, E.; TORY, E. M. Batch and continuous thickening. *Industrial and Engineering Chemistry Fundamentals*, v. 2., n. 3, p. 203-211, ago. 1963.

TAGGART, A. F. *Handbook of mineral dressing.* New York: J. Wiley & Sons, 1927.

TORQUATO, N. C. Dimensionamento de espessadores convencionais aplicados a polpas de minério de ferro. Dissertação (Mestrado) – Universidade Federal de Ouro Preto, 2008.

VIDAL, E. W. H.; HORN FILHO, E. X. *Tratamento de efluentes de carvão através de espessador de lamelas.* Brasília: Cetem, 1988. (Série Tecnologia Mineral, n. 43).

WALLIS, G. M. A simplified one-dimensional representation of two-component vertical flow and its application to batch sedimentation. *Proceedings of the Symposium on the Interation between Fluids and Particles.* Institution of Chemical Engineers, London, p. 9-16, 1963.

WILHELM, J. H.; NAIDE, Y. Sizing and operating continuous thickener. *Mining Engineering,* p. 1710-1718, dez. 1981.

YOSHIOKA, N.; HOTTA, Y; TANAKA, S. Batch settling of homogeneous slurries. *Kagaku Kogaku,* v. 19, n. 12, p. 616-626, 1955.

Filtragem 3

3.1 Definições

Podemos definir a filtragem como a operação unitária de separação dos sólidos contidos numa suspensão em um líquido, mediante a passagem do líquido através de um meio poroso, que retém as partículas sólidas.

O líquido que atravessa o meio poroso é denominado de filtrado e os sólidos retidos, de torta. A filtragem pode ser feita por meio da simples pressão hidrostática do líquido sobre o meio filtrante; diz-se que a operação foi feita por gravidade. Quando alguma ação externa é aplicada, costuma-se distinguir:

- *filtragem a vácuo*: caso geral da indústria do Tratamento de Minérios, em que é criada uma pressão negativa (subatmosférica) debaixo do meio filtrante;
- *filtragem sob pressão*: utilizada no desaguamento de argilas e de cementos de cobre e ouro, em que uma pressão positiva é aplicada do lado da torta;
- *filtragem centrífuga*: em que se utiliza a força centrífuga para forçar a passagem do líquido. Essa operação não é feita em filtros, mas em centrífugas, nas quais o cesto dispõe de uma tela que retém os sólidos e deixa passar o líquido;
- *filtragem hiperbárica*: em que se combinam vácuo e pressão;
- *filtragem capilar*: em que se aproveita a ação de capilares de meios cerâmicos porosos para efetuar o desaguamento.

A filtragem pode ser feita por bateladas (descontinuamente), como acontece nas indústrias química e alimentícia, mas isso é raro na indústria mineral, onde é sempre contínua.

Na presente obra, trataremos apenas dos filtros contínuos – exceção feita aos filtros-prensa.

Do ponto de vista do equipamento, um filtro contínuo pode ser entendido como um conjunto de mecanismos que realiza as seguintes tarefas:

♦ *suporta* o meio poroso e a torta;
♦ *transporta* a torta do ponto de alimentação ao ponto de descarga;
♦ permite a *passagem do filtrado* e o remete ao ponto de destino;
♦ *mantém a pressão diferencial* entre os dois lados do meio filtrante.

Nas indústrias química e metalúrgica, é muito comum a função adicional de lavar a torta sobre o filtro, o que, se acontece na indústria mineral, é muito raramente. Isso porque, naquelas indústrias, o produto desejado é a solução contendo os metais ou produtos químicos, e qualquer resto deixado na torta é uma perda de processo. Já na indústria mineral, o que se deseja são os sólidos contidos na torta, e o filtrado é apenas água suja.

Na maior parte dos filtros, todas essas tarefas são executadas por meio da rotação do sistema que suporta a torta em torno de um eixo ou mediante seu movimento de translação. Ao longo desse movimento, os setores sucessivos do meio filtrante vão sendo submetidos às diferentes ações mecânicas. Na prática, isso é feito mediante a operação de válvulas que comunicam com tubulações de vácuo ou de ar comprimido. A disposição e montagem desses dispositivos é um problema de construção mecânica, mas todos eles operam de acordo com os mesmos princípios.

A Fig. 3.1 mostra o dispositivo mecânico (formação da torta, desaguamento e descarga de um filtro rotativo – no caso, filtro de tambor) e a Fig. 3.2 mostra como esses eventos se sucedem em filtros de tambor e de disco (ciclo de filtragem).

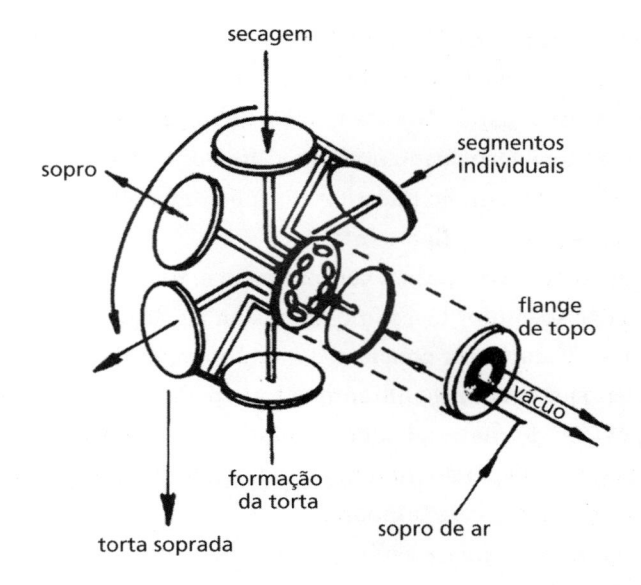

Fig. 3.1 Disposição e montagem do filtro

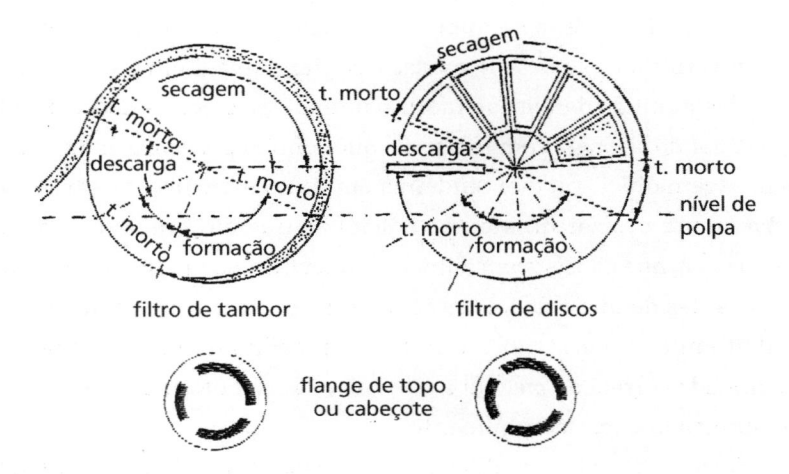

Fig. 3.2 Ciclos de filtragem

3.2 Descrição dos sistemas

Em Tratamento de Minérios, como já mencionado, utilizam-se geralmente filtros a vácuo para o desaguamento final de concentrados ou mesmo de outros produtos – até umidades inferiores a 15% (87% de sólidos). O material a desaguar – usualmente uma polpa espessada acima de 60% de sólidos, um *underflow* de ciclone ou de espessador – é colocado no filtro. O líquido (filtrado) é succionado através da tela (meio filtrante) e o sólido fica retido (torta), sendo descarregado continuamente.

A operação é contínua e sempre cíclica, e o ciclo de filtragem é composto das seguintes fases (mostradas na Fig. 3.2):

a] formação da torta: consiste na acumulação de um volume de minério junto ao meio filtrante. A torta pode ser formada por mera deposição do material sobre a tela (caso dos filtros horizontais) ou pela aspiração do material sólido para junto da tela (caso dos filtros de discos e de tambor);

b] secagem: consiste na aspiração da água contida na torta, através do meio filtrante;

c] descarga: uma vez desaguada a torta, ela deve ser descarregada. Isso pode ser feito de muitas maneiras, porém a mais frequente é inverter o fluxo de ar e passar a soprar a tela. Com isso, a torta é desprendida da tela, ao mesmo tempo que o poro é desobstruído.

Quando se opera com materiais que contêm partículas muito finas, de filtragem difícil, ou que tendem a entupir o meio filtrante, pode ser conveniente utilizar uma etapa adicional, que é o pré-revestimento (*pre-coating*), que consiste em alimentar uma fração granulométrica mais grossa antes do início da formação da torta, ou então, uma camada fina de diatomita ou perlita (0,1 lb/ft^3), o que facilita muito a filtragem. A quantidade correta de *pre-coat* a adicionar varia conforme o caso e deve ser otimizada experimentalmente.

O *pre-coat* também é utilizado com polpas muito diluídas e quando o objetivo é a limpidez do filtrado.

A indústria química também utiliza filtros a vácuo. Como já mencionado, o seu objetivo, via de regra, é o filtrado, sendo a torta normalmente mero resíduo, sem valor nenhum. Por isso, é prática comum da indústria química lavar a torta uma ou mais vezes durante o ciclo de filtragem, de modo a recuperar o máximo da solução. Não é, porém, o caso da indústria mineral, em que raramente é feita essa lavagem. Essa preocupação com o filtrado também afeta a maneira como a instalação é projetada. Como a maior parte da literatura sobre filtragem foi gerada por engenheiros químicos, o tratamentista deve ter esses fatos em mente e não se deixar impressionar por eles.

Quando a água é dura, pode ser conveniente fazer uma retrolavagem com água acidulada, para eliminar as incrustações. Essa operação não deve ser confundida com a lavagem da torta, pois os objetivos e os resultados são totalmente diferentes.

O circuito de filtragem consiste do filtro, dos sistemas de transporte do filtrado e da torta, da linha de vácuo e da bomba de vácuo (Figs. 3.3 e 3.4):

♦ a torta desaguada, via de regra, é transportada por um transportador de correia;
♦ o filtrado é deixado transbordar, como mostra a Fig. 3.4B. Na indústria química, onde geralmente o filtrado é o produto valioso, usa-se uma bomba de filtrado, como mostra a Fig. 3.4A;

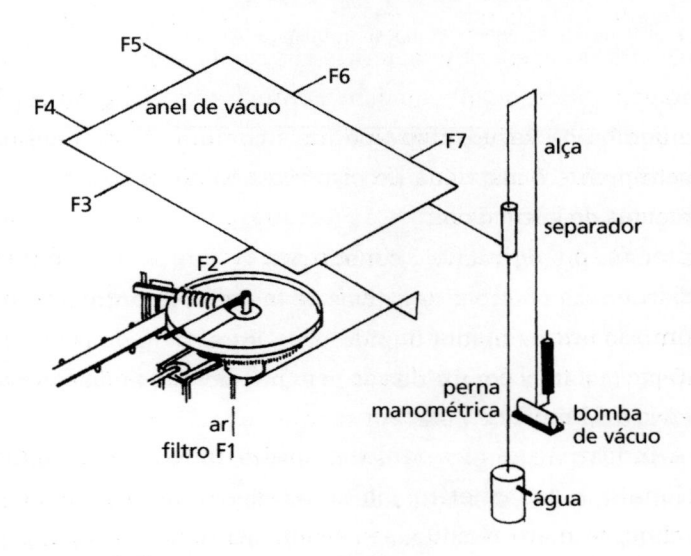

Fig. 3.3 Sistema de filtragem

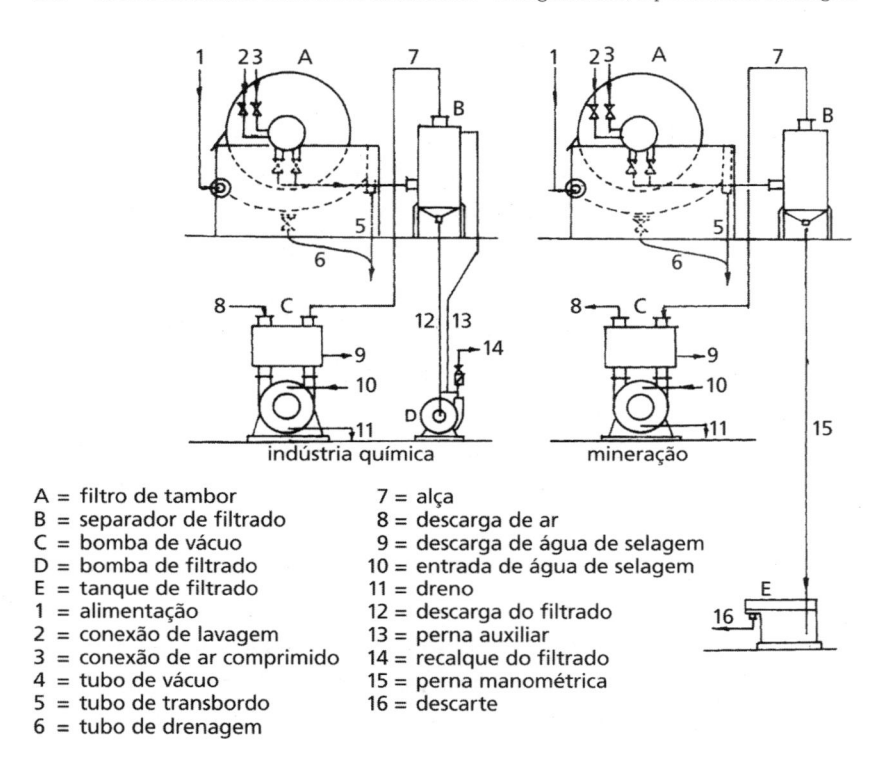

166   Teoria e Prática do Tratamento de Minérios – Desaguamento, espessamento e filtragem

A = filtro de tambor
B = separador de filtrado
C = bomba de vácuo
D = bomba de filtrado
E = tanque de filtrado
1 = alimentação
2 = conexão de lavagem
3 = conexão de ar comprimido
4 = tubo de vácuo
5 = tubo de transbordo
6 = tubo de drenagem
7 = alça
8 = descarga de ar
9 = descarga de água de selagem
10 = entrada de água de selagem
11 = dreno
12 = descarga do filtrado
13 = perna auxiliar
14 = recalque do filtrado
15 = perna manométrica
16 = descarte

Fig. 3.4 Sistemas de filtragem nas indústrias química (A) e mineral (B)

- ◆ a bomba de vácuo, cujo tipo mais comum é o de anel líquido, geralmente é instalada no piso mais baixo da usina e deve ser provida de silenciador;
- ◆ a tubulação de vácuo é constituída de um trecho em anel que distribui as pressões negativas de maneira uniforme, ligando os filtros a um separador líquido-gás. Deste saem duas tubulações: uma vai para a bomba de vácuo e transporta o ar (vácuo); a outra é vertical e desce para um tanque, onde o filtrado é descarregado. Essa tubulação vertical descendente tem vários metros de comprimento – sua altura deve ser maior que a da coluna d'água correspondente à depressão do circuito de vácuo. Ela chama-se perna manométrica e tem as funções de descarregar o filtrado e

de estabilizar o sistema, absorvendo e regulando a sua depressão. A outra parte da tubulação, que vai para a bomba de vácuo, deve formar uma alça, para que toda a água arrastada pela corrente de ar possa escorrer. A altura dessa alça é um fator crítico de projeto.

3.3 Descrição dos equipamentos

As seguintes considerações relativas aos equipamentos devem ser feitas:

♦ posições relativas da polpa alimentada e do meio filtrante: diz-se que os filtros são alimentados ou por baixo ou por gravidade. A alimentação por baixo é muito mais vantajosa do ponto de vista operacional, mas é limitada a polpas homogêneas ou a polpas heterogêneas que possam ser mantidas em suspensão mediante agitação moderada;

♦ projeto da máquina: filtros de discos, de tambor, de mesa, de correia, de tambor com alimentação por cima, filtros-prensa etc.

A descarga da torta é uma operação muito importante do ponto de vista da prática operacional. Vários dispositivos são utilizados, tais como sopro de ar, transportadores de parafusos, cilindros, fios de arame e lâminas. Além de descarregar o material desaguado, muito frequentemente é necessário desentupir os poros do meio filtrante. Com efeito, existe sempre uma tendência de ele tornar-se progressivamente "cego". Quando a descarga é feita por sopragem, esse fluxo de ar ajuda a limpar a tela.

O meio filtrante geralmente é uma tela de tecido ou metálica. A sua escolha é função de vários fatores combinados e depende de ensaios, sempre. Deseja-se uma boa permeabilidade, aliada à capacidade de reter os sólidos, bem como adequadas resistências mecânica e ao desgaste, e não cegar facilmente. É importante também que, na descarga, a torta se desprenda facilmente da tela.

Os equipamentos básicos usados em mineração são filtros de discos, de mesa (planos), de tambor e de correia. Filtros-prensa (que são filtros de pressão, não a vácuo) são utilizados na indústria cerâmica e em algumas operações da metalurgia extrativa, como na cianetação de minérios de ouro, e, mais recentemente, no desaguamento do resíduo da bauxita (lama vermelha). O equipamento padrão são os filtros de discos, de uso consagrado para materiais finos que formem polpas estáveis (ou que possam ser mantidas em suspensão). As tabelas intercaladas ao texto, adiante, mostram os tamanhos de cada modelo produzido comercialmente.

3.3.1 Filtro de discos

No filtro de discos (Fig. 3.5), a torta é formada em ambas as faces de discos verticais, paralelos e com o centro sobre um mesmo eixo horizontal, perpendicular aos planos dos discos. Cada disco é composto de múltiplos setores independentes, cobertos de tela e que se comunicam com as tubulações de vácuo e de ar comprimido. A torta é formada pela aspiração da polpa para junto da tela e pela manutenção dos sólidos junto a ela, por meio da aspiração continuada. O filtrado passa através da tela para dentro do setor e deste para o tubo interno ao eixo, de onde é encaminhado para o sistema.

Os modelos mais antigos tinham o eixo central fundido com as passagens de ar embutidas (Fig. 3.6). Tratava-se de uma peça pesada, de fabricação cara e de difícil manutenção (a passagem da corrente de ar com gotas de água e, eventualmente, com algum minério, causa uma erosão acentuada). Os filtros modernos usam feixes de tubos. Esse eixo, ou então o feixe de tubos, encaixa-se, em sua extremidade, num elemento de ligação com as linhas de vácuo e ar comprimido, elemento este fechado por um flange de projeto especial, mostrado no detalhe da Fig. 3.6 ("cabeçote" ou "tampa"). Esse flange tem as suas aberturas desenhadas de modo a adequar

Fig. 3.5 Filtro de discos

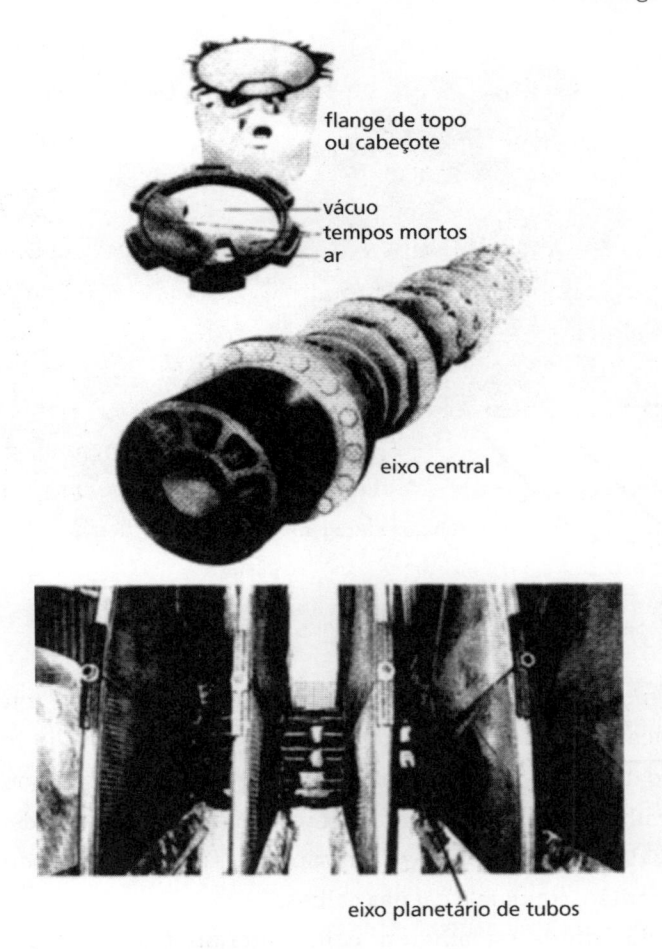

Fig. 3.6 Eixo central do filtro de discos

os períodos em que cada setor do filtro está succionando ou soprando, ou ainda, sem movimentação nenhuma de ar ("tempos mortos"). O disco é composto de setores (painéis) independentes (Fig. 3.7), cada qual é conectado a um tubo do eixo central e percorre todas as etapas do ciclo de filtragem, conforme definido pelo desenho do flange (Fig. 3.7).

O filtro de discos possui um tanque cheio com a polpa a desaguar (mantido a nível constante mediante um dispositivo de retorno do excesso), onde os discos, no seu movimento de rotação, imergem e

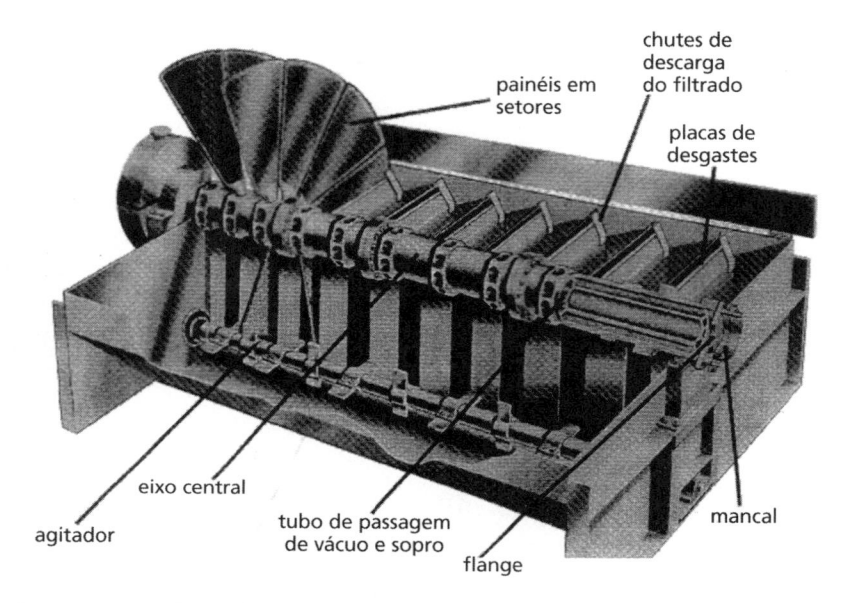

Fig. 3.7 Setores (painéis) que compõem o disco

emergem ciclicamente. Na parte de descarga, esse tanque tem calhas que encaminham a torta para o transportador de correia instalado debaixo do filtro. Quando termina a secagem, o disco já chegou junto a essas calhas. Automaticamente é desconectada a tubulação de vácuo e conectada a tubulação de ar comprimido existente dentro do eixo. A torta é, então, soprada e cai nas calhas.

Pelo fato de trabalharem com materiais finos, muitas vezes o problema enfrentado na operação de filtros de discos é a presença de material excessivamente fino, que entope as telas. O filtro de discos não tem recursos para lavar a tela de dentro para fora, e desentupi-la, contando, para isso, somente com a sopragem. Na indústria de minério de ferro, a presença de limonitas e argilas prejudica demais a operação. A solução encontrada foi incluir no ciclo o "sopro submerso", que é um tempo de sopragem, logo no início do ciclo, a baixa pressão. Ele ocorre no momento em que o setor está entrando na polpa e serve para impedir que essas limonitas e argilas, sobrenadantes, entupam a tela e reduzam a sua área de trabalho.

Outra solução são telas finlandesas, de material flexível, que estufam durante o tempo de sopragem, abrindo as malhas do tecido e libertando as partículas ali incrustadas.

É comum, também, o uso de uma rede de malhas abertas, colocada entre a tela e o setor do disco. Ela serve para manter uma distância mínima entre a tela e o setor, facilitando a passagem do ar e do filtrado. Ela impede a colagem da tela ao seu suporte e distribui melhor o vácuo. O seu uso, via de regra, faz diminuir a umidade da torta.

A característica mais notável do filtro de discos é a sua enorme área filtrante, quando comparada com os outros tipos de filtro e com a área de piso ocupada pelo equipamento. Embora seja especialmente concebido para polpas homogêneas, ele tem sido usado com sucesso em algumas polpas heterogêneas (que sedimentam quando em repouso), mediante a instalação de um agitador mecânico no fundo do tanque. Com carvão, sem agitação, ele trabalha com granulometrias inferiores a 48#, e com agitação, chega até 14#.

A Tab. 3.1 mostra os tamanhos dos filtros oferecidos pela Dorr Oliver no Brasil (atual FLSmidth).

3.3.2 Filtro plano ou de mesa

O filtro plano (Fig. 3.8) é constituído basicamente de uma superfície circular horizontal, que gira em torno de um eixo vertical e sobre a qual é apoiada a tela e despejada a polpa a filtrar. Destina-se basicamente a polpas heterogêneas (que sedimentam quando em repouso), sendo extremamente bem-sucedido para o desaguamento de sólidos relativamente grosseiros. O círculo é composto de vários setores, que se comunicam com a câmara de vácuo do filtro e, na posição de descarga, com a câmara de ar comprimido, ambas posicionadas debaixo do filtro.

A alimentação da polpa é feita por gravidade, por meio de um distribuidor, que a espalha igualmente sobre todo o setor. Enquanto o filtro gira, o filtrado atravessa a tela e a torta vai sendo desaguada até chegar à posição de descarga. Aqui o setor deixa de estar conectado

Tab. 3.1 Filtros Agidisc – tamanhos e área nominal de filtragem (ft^2)*

N° de discos	Diâmetro					
	4 ft	6 ft	6'9"	8'10"	10'6"	12'6"
1	22	50	65	110	150	220
2	44	100	130	220	300	440
3	66	150	195	330	450	660
4	88	200	260	440	600	880
5	110	250	325	550	750	1.100
6	132	300	390	660	900	1.320
7	–	350	455	770	1.050	1.540
8	–	400	520	880	1.200	1.760
9	–	450	585	990	1.350	1.980
10	–	500	650	1.100	1.500	2.200
11	–	–	715	1.210	1.650	2.420
12	–	–	780	1.320	1.8.00	2.640
13	–	–	–	1.430	1.950	2.860
14	–	–	–	1.540	2.100	3.080
15	–	–	–	–	2.250	3.300
16	–	–	–	–	2.400	3.520
17	–	–	–	–	2.550	3.740
18	–	–	–	–	2.700	3.960
19	–	–	–	–	2.850	4.180
20	–	–	–	–	3.000	4.400

* ft^2 = m^2 × 0,0929

à câmara de vácuo e conecta-se com a câmara de ar comprimido, que atravessa os poros da tela, desentupindo-os e soltando a torta. Esta é apanhada por um transportador helicoidal situado sobre o filtro e descarregada sobre um transportador de correia. O transportador helicoidal não tem qualquer contato com a tela, pois está afastado dela alguns centímetros.

Esse modelo não permite a limpeza da tela, sendo impossível a sua utilização com materiais com grande porcentagem de finos, que possam obstruí-la. Com carvão, trabalha bem entre 3/4"e 400#.

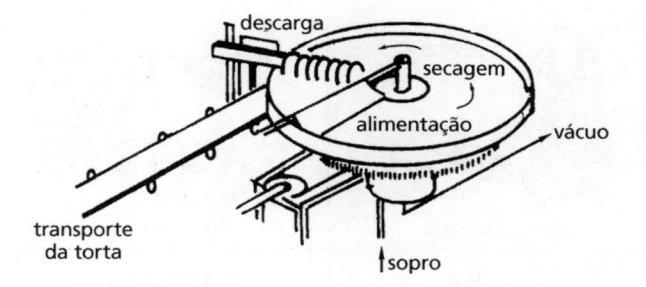

Fig. 3.8 Filtro plano (ou de mesa)

Os modelos fabricados pela Dorr Oliver (atual FLSmidth) são mostrados na Tab. 3.2.

Tab. 3.2 FILTROS PLANOS – TAMANHOS E ÁREAS DE FILTRAGEM

Diâmetro (ft)	Área nominal (ft^2)	Área efetiva (ft^2)
3	7,1	4
4	12,6	10
6	28,3	25
8	51,1	45
10	78,0	65
11,5	104	90
13	133	120
15	177	165
16	201	191
17	227	217
18	254	244
19	283	273
20	314	304
22	380	372
24	452	444

3.3.3 Filtro de tambor

A primeira instalação industrial de filtragem a vácuo foi montada em 1907, por E. L. Oliver, numa usina de ouro de Dakota do Sul (EUA), e usava esse tipo de equipamento (Fig. 3.9).

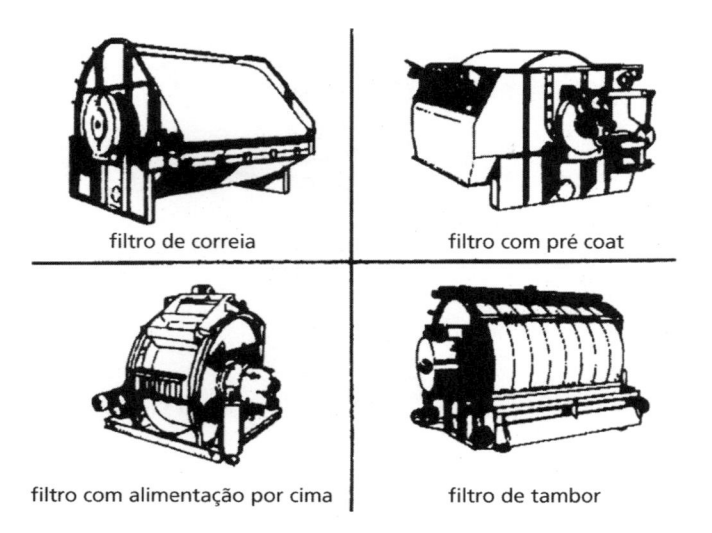

174 Teoria e Prática do Tratamento de Minérios – Desaguamento, espessamento e filtragem

| filtro de correia | filtro com pré coat |
| filtro com alimentação por cima | filtro de tambor |

Fig. 3.9 Filtros de tambor
Fonte: catálogo da Eimco

Trata-se de um cilindro que gira em torno de um eixo horizontal e sobre o qual é apoiada a tela filtrante. No seu movimento, o cilindro mergulha em um tanque de polpa, forma a torta por aspiração, de modo semelhante ao filtro de discos, emerge do tanque e seca a torta, que, quando está seca, é soprada (ou raspada) e descarregada. É possível, com esse modelo, lavar a tela e, assim, desentupi-la (ver detalhe da Fig. 3.10), e nisso reside a sua grande vantagem industrial.

Fig. 3.10 Lavagem da tela

Internamente o cilindro é dividido em vários setores, que se ligam às tubulações de vácuo e ar comprimido no eixo central, semelhantemente ao filtro de discos (ver Fig. 3.1).

O filtro de tambor é muito versátil, especialmente com relação ao carregamento da polpa, à descarga da torta e à lavagem da tela (Fig. 3.10). Por isso, ele permite desaguar polpas problemáticas, impossíveis de serem tratadas de outra maneira, e encontra aplicação intensa em outros ramos, como, por exemplo, na engenharia sanitária, tratando esgotos urbanos e domésticos.

Uma variante do filtro de tambor é o *top feed filter*, mostrado na Fig. 3.9, em que a alimentação é feita por gravidade na parte superior do filtro. Dessa forma, o equipamento passa a poder trabalhar com polpas heterogêneas e – vantagem adicional – com *pre-coat*.

Os modelos fabricados no Brasil pela Envirotech (também atual FLSmidth) são mostrados na Tab. 3.3.

Tab. 3.3 FILTROS DE TAMBOR: ÁREAS (m²) E TAMANHOS (ft)

Largura (ft)	Diâmetro (ft)					
	4	6	8	10	11,5	12
2	2,4	–	–	–	–	–
3	3,5	5,3	–	–	–	–
4	4,7	7,0	–	–	–	–
6	7,0	10,5	13,5	–	–	–
8	–	13,5	18,6	23,3	26,8	–
10	–	17,6	23,3	29,2	33,8	35,0
12	–	–	27,9	35,0	40,3	42,0
14	–	–	32,5	40,9	47,0	49,0
16	–	–	–	46,7	53,7	56,0
18	–	–	–	52,5	60,4	63,1
20	–	–	–	–	67,0	70,0

3.3.4 Filtro de correia

Trata-se de um transportador de correia (Fig. 3.11) cuja correia tem projeto especial, de modo a servir de suporte para uma tela colocada sobre ela e a permitir o escoamento do ar através da tela (para uma câmara de vácuo situada debaixo da correia), bem como o escoamento do filtrado por sobre a correia. A polpa é alimentada numa extremidade do transportador e, no percurso

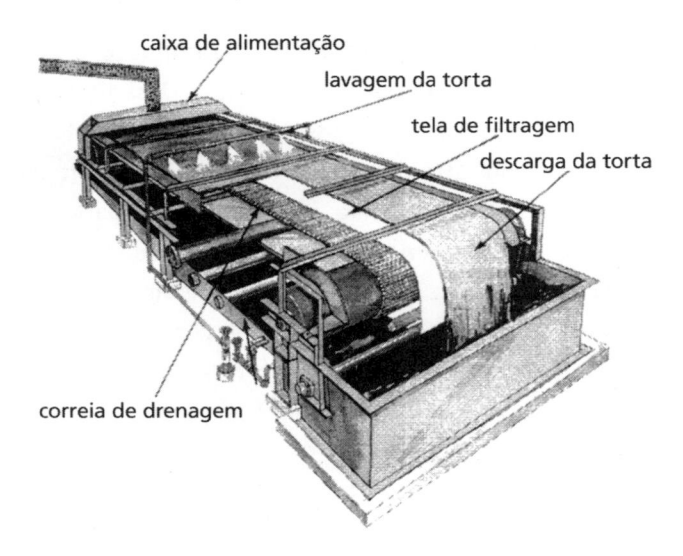

Fig. 3.11 Filtro de correia
Fonte: catálogo da Eimco-Envirotech

até o ponto de descarga, é desaguada. Se conveniente, pode ainda ser lavada uma ou mais vezes.

O equipamento é muito eficiente para polpas heterogêneas e permite processar grandes vazões de sólidos, impossíveis de serem obtidas com outros modelos. Permite também a lavagem da tela, que pode ser mantida sempre desentupida. Além disso, é fácil aumentar o comprimento da correia, o que possibilita alterar de infinitas maneiras o ciclo de filtragem e aumentar a área filtrante.

3.3.5 Filtro-prensa

O filtro-prensa é pouco utilizado na indústria mineral, quase exclusivamente no processamento de caulins (onde há uma tendência a substituí-lo por filtros de tambor), na cianetação do ouro, no processo de cementação e no desaguamento da lama vermelha. Ele é singular sob dois aspectos: primeiro, por usar a pressão, e não o vácuo, como os demais filtros examinados; segundo, por ter operação descontínua, isto é, operar por bateladas.

As Figs. 3.12 e 3.13 mostram aspectos da construção e operação do filtro-prensa. Ele é constituído de um número muito grande de placas (Fig. 3.14), que são revestidas de tela, e entre cada duas telas fica um volume vazio, que será cheio com o material a desaguar.

O procedimento é o seguinte:

◆ as placas são juntadas e travadas;
◆ a polpa de alimentação da filtragem é bombeada para dentro do filtro. Inicialmente é utilizada uma bomba centrífuga para acelerar o processo o quanto for possível, até se atingir a pressão máxima dessa bomba. A partir daí usa-se uma bomba de pistão para completar o enchimento e, principalmente, pressurizar o sistema;
◆ a pressão obriga o filtrado a atravessar as telas e a escorrer pelos espaços existentes nas placas;
◆ terminado o tempo de secagem, interrompe-se o bombeamento e as placas têm de ser descarregadas. Isso é feito individualmente:

Fig. 3.12 Filtro-prensa

Fig. 3.13 Descarga da torta

as placas são abertas uma a uma e, com uma espátula de madeira, as tortas são destacadas das telas e descarregadas sobre um transportador de correia;
♦ finalmente o transportador de correia precisa ser coberto, as telas são lavadas, novamente uma a uma, juntas e travadas, e o filtro está pronto para ser realimentado, repetindo o ciclo.

Existem placas de diferentes modelos, como mostra a Fig. 3.14.

A instalação conta com um transportador de correia largo, que recebe as tortas e as descarrega, e de calhas para receber o filtrado e a água de lavagem das telas, e impedir que essa água caia sobre o transportador ou sobre as tortas.

Verifica-se, portanto, que o filtro-prensa é um equipamento problemático. Além de ter uma operação descontínua, o que é sempre inconveniente, sua operação só pode ser parcialmente automatizada. E note a quantidade enorme de operações que têm de ser controladas: bombeamento de polpa para as placas, pressurização das placas, desligamento das bombas, abertura das placas, descarregamento da torta (placa por placa), descobrimento do transportador de correia,

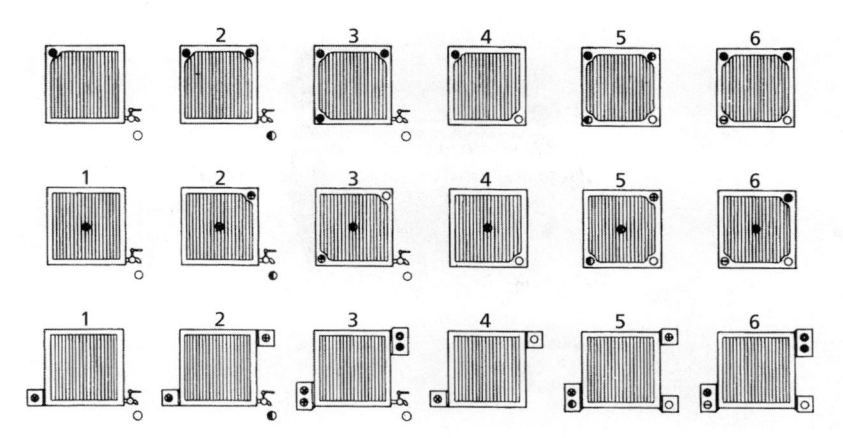

Fig. 3.14 Diferentes modelos de placa
Fonte: catálogo da Manor.

lavagem das telas (tela por tela), cobertura do transportador de correia, fechamento das placas, travamento do filtro.

A solução para esses problemas foi o desenvolvimento, na Finlândia, do filtro Larox. Ele é mostrado na Fig. 3.15 e o seu ciclo, na Fig. 3.16.

A solução técnica foi usar como tela um lençol comprido, que se movimenta para a frente a cada ciclo. O projeto permite, inclusive, a lavagem da tela no período em que ela fica fora do filtro, antes de retornar a ele (Fig. 3.15).

O ciclo compõe-se das seguintes etapas (Fig. 3.16):

1 Com as placas fechadas, bombeia-se a polpa a filtrar para elas, até enchê-las completamente. Alguma água é filtrada como resultado da pressão.

2 Mantendo-se a placa pressurizada, um diafragma entre a placa superior e a tela é cheio com fluido hidráulico, comprimindo a torta. A água é descarregada pela pressão aplicada, como no filtroprensa.

5 O diafragma é recolhido e um fluxo de ar é soprado através da torta, para obter algum desaguamento adicional.

6 As placas são aliviadas e a tela move-se para a frente, descarregando a torta.

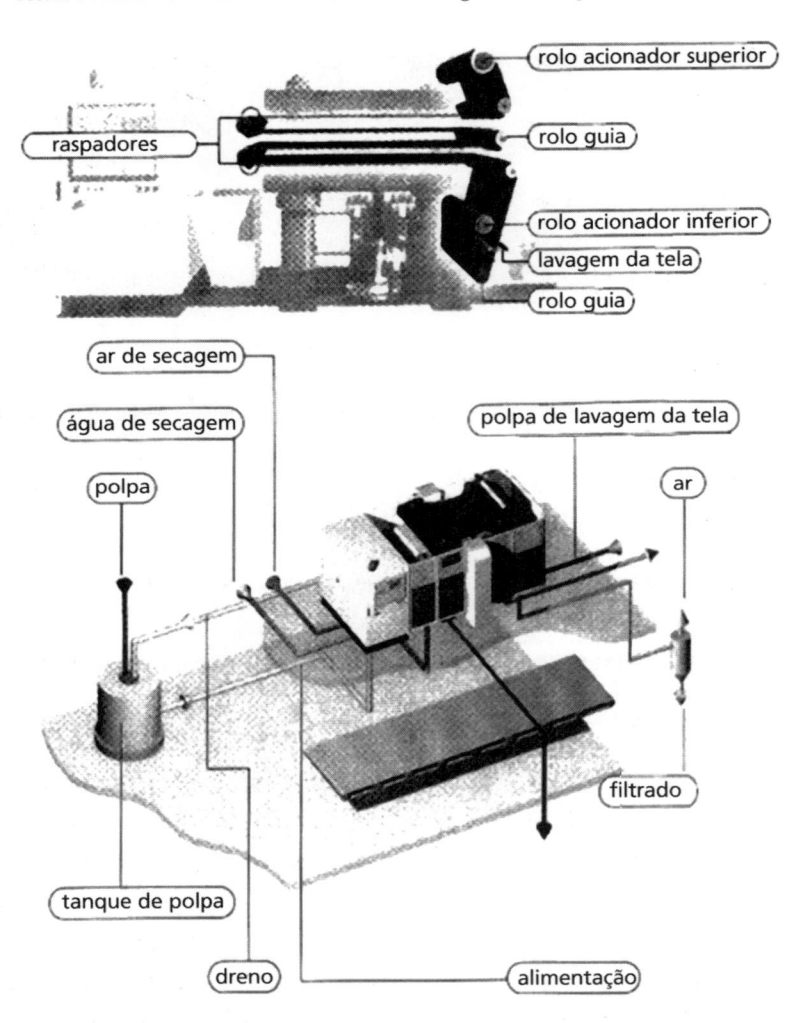

Fig. 3.15 Filtro Larox

Como são várias bandejas, cada uma delas descarrega a sua torta, metade delas para cada lado do filtro.

Adicionalmente, podem ser introduzidas duas operações, conforme mostrado na Fig. 3.16:

3   lavagem da torta, para recuperação adicional de filtrado (quando for o caso);

4 prensagem pós-lavagem, para máxima recuperação desse filtrado diluído.

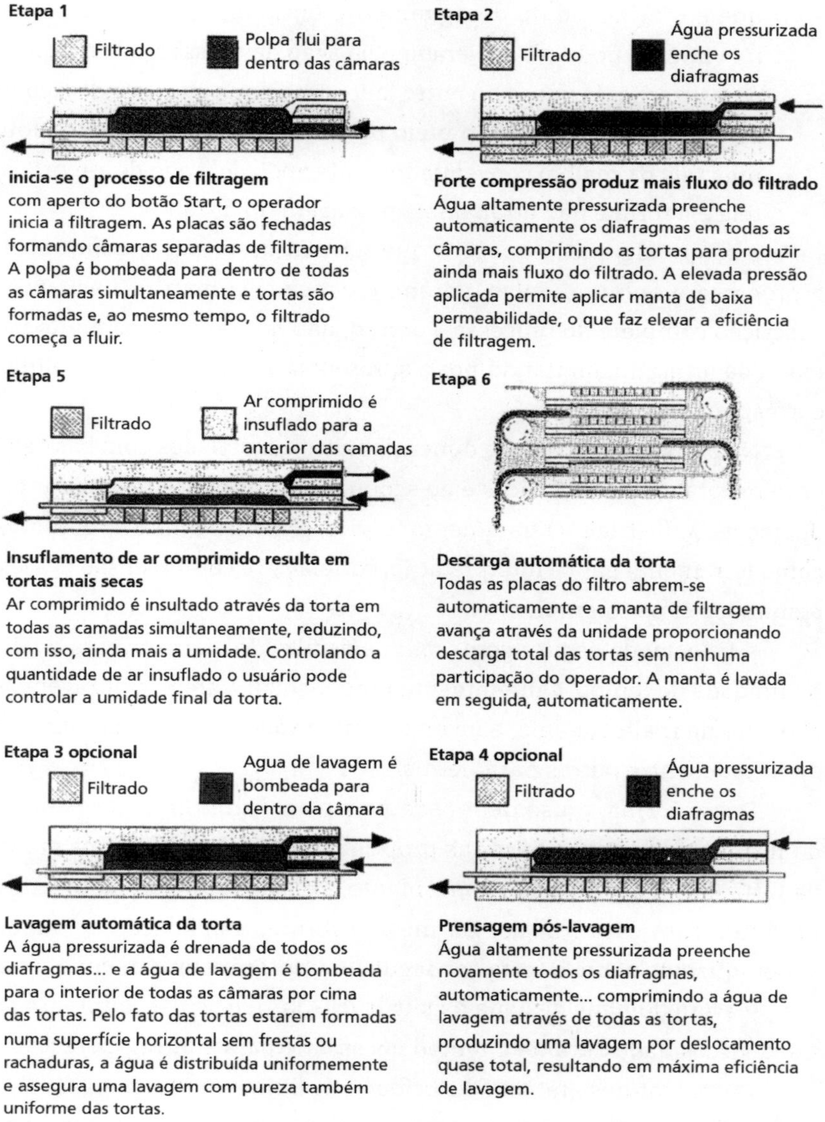

Etapa 1

▨ Filtrado   ■ Polpa flui para dentro das câmaras

inicia-se o processo de filtragem
com aperto do botão Start, o operador inicia a filtragem. As placas são fechadas formando câmaras separadas de filtragem. A polpa é bombeada para dentro de todas as câmaras simultaneamente e tortas são formadas e, ao mesmo tempo, o filtrado começa a fluir.

Etapa 2

▨ Filtrado   ■ Água pressurizada enche os diafragmas

Forte compressão produz mais fluxo do filtrado
Água altamente pressurizada preenche automaticamente os diafragmas em todas as câmaras, comprimindo as tortas para produzir ainda mais fluxo do filtrado. A elevada pressão aplicada permite aplicar manta de baixa permeabilidade, o que faz elevar a eficiência de filtragem.

Etapa 5

▨ Filtrado   ▢ Ar comprimido é insuflado para a anterior das camadas

Insuflamento de ar comprimido resulta em tortas mais secas
Ar comprimido é insultado através da torta em todas as camadas simultaneamente, reduzindo, com isso, ainda mais a umidade. Controlando a quantidade de ar insuflado o usuário pode controlar a umidade final da torta.

Etapa 6

Descarga automática da torta
Todas as placas do filtro abrem-se automaticamente e a manta de filtragem avança através da unidade proporcionando descarga total das tortas sem nenhuma participação do operador. A manta é lavada em seguida, automaticamente.

Etapa 3 opcional

▨ Filtrado   ■ Agua de lavagem é bombeada para dentro da câmara

Lavagem automática da torta
A água pressurizada é drenada de todos os diafragmas... e a água de lavagem é bombeada para o interior de todas as câmaras por cima das tortas. Pelo fato das tortas estarem formadas numa superfície horizontal sem frestas ou rachaduras, a água é distribuída uniformemente e assegura uma lavagem com pureza também uniforme das tortas.

Etapa 4 opcional

▨ Filtrado   ■ Água pressurizada enche os diafragmas

Prensagem pós-lavagem
Água altamente pressurizada preenche novamente todos os diafragmas, automaticamente... comprimindo a água de lavagem através de todas as tortas, produzindo uma lavagem por deslocamento quase total, resultando em máxima eficiência de lavagem.

Fig. 3.16 Ciclo de filtragem do filtro Larox

3.4 Mecanismo de filtragem

Qualquer líquido presente numa população de partículas sólidas percola os interstícios das partículas, pela ação da gravidade, o que é o princípio do desaguamento em pilhas e em silos. Esse movimento pode ser acelerado pela ação da pressão sobre a torta ou pela ação do vácuo do outro lado, desde que a torta a desaguar esteja colocada sobre um meio poroso adequado – um pano (ou uma tela de malha) convenientemente apoiado – que dê suporte à tela e à torta e não atrapalhe a passagem do filtrado.

Existem algumas equações que tentam descrever e quantificar o processo; nenhuma delas, porém, é conclusiva nem fornece uma descrição completa do processo. Por isso, não nos deteremos muito na teoria da filtragem, limitando-nos a apresentar o que é dado no capítulo correspondente (ver Cap. 5).

Na prática, os filtros são dimensionados e instalados com base em ensaios totalmente empíricos e no acompanhamento dos resultados de operações industriais. O tratamento teórico, porém, é muito importante como ferramenta para a interpretação, correlação e compreensão desses resultados experimentais.

A velocidade de filtragem (volume de filtrado que atravessa a tela na unidade de tempo) é diretamente proporcional à área de filtragem, à abertura da malha da tela, e inversamente proporcional à viscosidade do filtrado, entre outros parâmetros.

Dessa forma, o uso de tensoativos para diminuir a viscosidade do filtrado ou para modificar as propriedades da superfície dos grãos da torta (*filter aids*) pode ser conveniente, e existem no mercado vários produtos com essa função. Da mesma forma, a aplicação de vapor superaquecido sobre a torta consegue aumentar instantaneamente a temperatura do filme de água na superfície das partículas, diminuindo a sua viscosidade durante o tempo necessário para a filtragem.

Outros fatores afetam a velocidade de filtragem (Bonnier, s.n.t.):

- ♦ *Ciclo*: quanto mais curto o ciclo, maior a produção, mas também maior a umidade da torta e a sua finura.

- *Temperatura de polpa*: como temperatura e viscosidade variam no sentido oposto, o aquecimento da polpa favorece a filtragem. Os limites práticos são impostos pelo ponto de ebulição do líquido, pela formação de vapor em quantidade que afete o vácuo, pela solubilização de minerais da torta ou por problemas de lubrificação das partes móveis do filtro.
- *Porcentagem de sólidos*: em geral, quanto maior a densidade da polpa, maior a razão de filtragem e menor a velocidade de filtragem (o que não é problema, porque a quantidade de água também é menor). Por isso, é comum, antes da filtragem, o adensamento da polpa por espessadores, ciclones ou outro equipamento. Em Tratamento de Minérios, não se filtram polpas diluídas!
- *Granulometria das partículas*: quanto mais grossas as partículas, maiores a razão e a velocidade de filtragem e menor a umidade da torta. Para polpas com partículas muito finas, que dificultam a filtragem, é comum a prática do *pre-coating*, já mencionado anteriormente, que consiste em formar um leito de partículas grosseiras sobre a tela e depois alimentar as partículas finas. O leito grosseiro assegura a razão de filtragem alta e impede que as partículas finas cheguem até a tela e a entupam.
- *pH da polpa*: está relacionado ao estado de dispersão das partículas, cuja floculação aumenta a razão de filtragem. Entretanto, o controle do pH está limitado por problemas de corrosão dos equipamentos e, por isso, vários fabricantes oferecem os componentes que entram em contato direto com a polpa em plástico ou madeira, para proporcionar maior facilidade ao usuário.

3.5 Meios filtrantes

Embora nas indústrias química e metalúrgica seja utilizado um grande número de materiais, tais como telas metálicas, plásticos porosos, vidro sinterizado e membranas porosas, na indústria mineral a escolha restringe-se a tecidos. Trata-se de uma escolha, porém, muito ampla, e entre as opções oferecidas no comércio certamente será possível encontrar um pano que se adapte de maneira conveniente às necessidades específicas de cada problema de filtragem.

A escolha abrange não somente a natureza química das fibras, como também a maneira como elas são tecidas. A Tab. 3.4 e o Quadro 3.1 apresentam, respectivamente, as propriedades físicas e a natureza química das fibras sintéticas mais importantes.

QUADRO 3.1 Natureza química das fibras sintéticas

Nome	Unidade básica	Comentário
acetato	acetato de celulose	derivado de celulose natural
acrílico	acrilonitrila	ao menos 85%
modacrylic	acrilonitrila	30%-85% em peso
fluorocarbono	tetrafluoretileno	–
nomex	poliamida aromática	família do náilon
náilon	poliamida alifática	–
poliéster	qq. álcool di-hídrico + álcool	–
polietileno	etileno	–
polipropileno	propileno	–
PVC	cloreto de vinila	–
PVA	amil álcool	–
rayon	celulose regenerada com não mais que 15% de hidroxilas substituídas	–
saran	cloreto de vinilideno	–

Fonte: Purchas (1977).

A tessitura do pano pode ser feita de muitas maneiras, das quais as mais importantes são: trama simples ou tela (plain), sarja (twill) e cetim (satin), conforme mostrado na Fig. 3.17 e cujo efeito sobre a filtragem é mostrado nos Quadros 3.2 e 3.3.

A tela, ou trama simples ou quadrada, tem fios que passam alternadamente por cima e por baixo uns dos outros, como é tecido o

Tab. 3.4 PROPRIEDADES FÍSICAS DAS FIBRAS

Fibra	Temperatura máx. de operação segura (OF)	Densidade	Absorção de água (%)	Tenacidade a seco (gm/den)	Along. na ruptura	Resistência ao desgaste
acetato	210	1,30	9-14	0,8-1,2	30-50	pobre
acrílico	275-300	1,14-1,17	3-5	1,8-3	25-70	boa
algodão	200	1,55	16-22	3,3-6,4	5-10	razoável
fluorocarbono	400	2,3	–	1-2	13-27	razoável
vidro	550-600	2,50-2,55	até 0,3	3-6	2-5	pobre
modacrylic	160-180	1,31	0,04-4	2-4	14-34	razoável
nomex	400-450	1,38	–	4,1	14	excelente
náilon	225-250	1,14	6,5-8,3	3-8	30-70	excelente
poliéster	300	1,38	0,04-0,08	3-8	10-50	excelente
polietileno de alta dens.	150-165	0,95	0,01	1-3	20-80	boa
polietileno de baixa dens.	200-230	0,92	0,01	3,5-7	10-45	boa
polipropileno	250	0,91	0,01-0,1	4-8	15-35	boa
PVC	1511-160	1,30	–	1-3	–	razoável
rayon	210	1,50-1,54	20-27	0,7-4	6-40	pobre
saran	160-180	1,7	0,1-1,0	1,2-2,3	15-30	razoável
lã	180-200	1,3	16-18	0,76-1,6	25-35	razoável

Fonte: Purchas (1977).

pano de cambraia com que são confeccionados camisas finas e lenços ou a gase hospitalar. O aspecto resultante é o de um tabuleiro de xadrez, com quadrados alternados (Fig. 3.17).

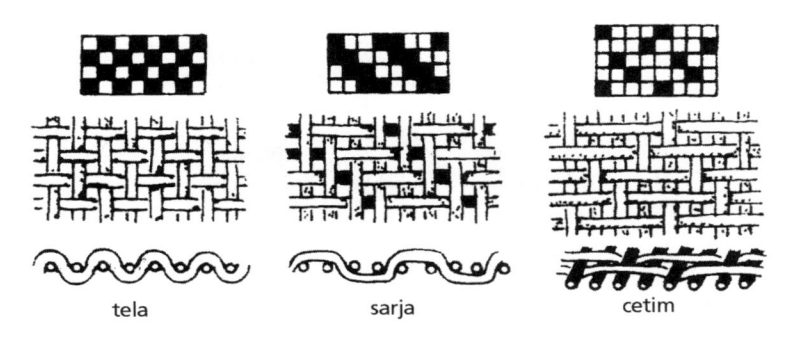

tela sarja cetim

Fig. 3.17 Tessituras básicas

A sarja de trama trançada exibe um desenho em diagonal, que resulta de o fio passar por cima e por baixo, alternadamente, de dois ou mais fios consecutivos da urdidura. Cada fio é deslocado do seguinte de

QUADRO 3.2 Efeito da geometria do tecido sobre o desempenho da filtragem

Variável	Máxima limpidez do filtrado	Mínima resistência ao escoamento	Umidade mínima na torta	Mais fácil descarga na torta	Máxima vida da tela	Mínima tendência a cegar
diâmetro do fio	grande médio pequeno	pequeno médio grande	pequeno médio grande	pequeno médio grande	grande médio pequeno	pequeno médio grande
número de laçadas/ polegada	baixo médio alto	alto médio baixo	alto médio baixo	alto médio baixo	médio baixo alto	alto médio baixo
número de fios/ polegada	baixo médio alto	baixo médio alto	alto médio baixo	alto médio baixo	médio alto baixo	baixo médio alto

Fonte: Purchas (1977).

um fio da urdidura, resultando, assim, o aspecto diagonal. É a tessitura do brim das calças *jeans*.

A sarja de trama em cadeia ou em zigue-zague é obtida ao mudar--se, a intervalos regulares, o sentido do deslocamento do trançado.

A trama do cetim é análoga à trama trançada, mas com quatro ou mais fios cruzados consecutivos passando por baixo do mesmo fio da urdidura. Resulta uma superfície mais lisa, de aspecto brilhante, sem diagonais ou tramas visíveis. É a trama das meias femininas ou das camisas de seda.

A trama da tela de filtragem também afeta o resultado da operação, como mostra o Quadro 3.3.

QUADRO 3.3 Efeito da trama sobre a filtragem

Máxima limpidez do filtrado	Mínima resistência ao escoamento	Umidade mínima na torta	Mais fácil descarga na torta	Máxima vida da tela	Mínima tendência a cegar
tela	cetim	cetim	tela	cetim	cetim
sarja	sarja	sarja	sarja	tela	sarja
cetim	tela	tela	cetim	sarja	tela

Fonte: Purchas (1977).

Finalmente, as características do fio de que o tecido é feito também variam:
a) ele pode ser monofilamentar, como uma linha de pescar, ou trançado, como um fio de lã;
b) fibras naturais como algodão, linho ou lã têm comprimentos muito curtos e são fiadas em conjunto, gerando fios com uma grande quantidade de felpas (*staples*) (das fibras individuais) saindo do fio. O resultado é um tecido felpudo.

Naturalmente, isso afeta de modo significativo a permeabilidade do tecido e o resultado da filtragem. O Quadro 3.4 mostra o efeito dessas características. Mono significa monofilamentar e multi, multifilamentar ou trançado.

QUADRO 3.4   Efeito das características do fio sobre o desempenho da tela (em ordem decrescente de preferência)

Máxima limpidez do filtrado	Mínima resistência ao escoamento	Umidade mínima na torta	Mais fácil descarga na torta	Máxima vida da tela	Mínima tendência a cegar
felpudo	mono	mono	mono	felpudo	mono
multi	multi	multi	multi	multi	multi
mono	felpudo	felpudo	felpudo	mono	felpudo

Fonte: Purchas (1977).

Os fabricantes de tecidos caracterizam o fio por um número que expressa o peso do filamento original e que condiciona o peso do tecido e outras das suas características. Outro número expressa o número de filamentos (também chamados de pernas) que são trançados juntos para dar o fio final. O tecido é caracterizado pela trama e pelo número de urdidura, que é o número de fios por polegada (em cada direção). Finalmente, o peso é expresso em onças por jarda quadrada. Quanto maior o peso, mais forte é o tecido, mas, em compensação, mais duro (menos flexível) e mais facilmente obstrutível.

A escolha da tela depende do compromisso entre a limpidez do filtrado (oposto de turbidez), a produção e o seu custo. Geralmente as telas que dão menor turbidez têm pouca permeabilidade e, assim, dão pequena produção.

As fibras sintéticas costumam ser mais caras que as fibras naturais, mas isso frequentemente é compensado por uma vida útil mais longa. Via de regra, elas entopem menos e descarregam a torta mais facilmente porque não tem *staples*.

Existem telas de fios metálicos (bronze fosforoso, níquel, cobre, latão, alumínio, aço inoxidável, monel e outras ligas). Em geral, as tramas são simples, e a mais fina é a de 400 malhas. Existe uma tessitura denominada "trama holandesa", que emprega fios relativamente grossos, bastante separados, com urdidura reta e trama relativamente pequena.

Verifica-se, portanto, que a escolha da tela é, na maior parte das vezes, a consideração mais importante de que dispõe o engenheiro de processo para obter a operação satisfatória do seu filtro. Em princípio, um bom meio filtrante deveria garantir todas as seguintes características desejáveis, muitas delas inconciliáveis:

- capacidade de manter as partículas sólidas sobre os poros, desde logo após o início da formação da torta;
- mínima propensão ao cegamento, isto é, à obstrução dos poros pelas partículas sólidas;
- resistência ao ataque químico;
- resistência mecânica suficiente para resistir ao efeito da pressão de filtragem;
- resistência ao desgaste;
- possibilidade de permitir a descarga fácil e completa da torta;
- maleabilidade para adaptar-se ao filtro no qual será usado;
- custo compatível com a economia da operação;
- não descarregar fiapos no filtrado.

Na indústria mineral, os tecidos de algodão e de fibras sintéticas são, sem dúvida, os meios filtrantes mais comumente utilizados. Em especial o algodão, sem qualquer adição, tem preço baixo, permite ser tecido em uma grande variedade de tramas e é muito versátil. Modernamente, porém, os tecidos de polímeros sintéticos vêm fornecendo limites mais amplos de resistência, tanto química como mecânica, e superando a sua limitação de temperatura de uso.

A maior parte dos materiais sintéticos custa de uma vez e meia a três vezes o preço do algodão, havendo, porém, telas que custam até 20 vezes.

Para adquirir uma tela, além do material do fio, é necessário mencionar:

- trama;
- número de série;
- peso;
- número de fios;

♦ número de filamentos;
♦ número do fio.

Infelizmente falta normatização no setor, e somente o número de série costuma ser perfeitamente definido pelos fabricantes, embora, lamentavelmente, seja um número puramente arbitrário, normalizado apenas para as lonas de algodão.

Grace (1956) apresenta uma interessante e completa discussão sobre a estrutura das fibras têxteis e sua influência no desempenho dos meios filtrantes.

3.6 Dimensionamento de filtros

O dimensionamento de filtros é feito por métodos totalmente empíricos, a partir de um ensaio padronizado pelos fabricantes de equipamento e denominado *filter leaf test*. Esse ensaio é feito com uma aparelhagem como a mostrada na Fig. 3.18: um suporte padrão, de área $1/10\,ft^2$, é revestido com a tela mais adequada à polpa que se quer filtrar, conforme determinado em ensaios preliminares. Ele é ligado então, por meio de mangueiras de plástico, a um kitassato, a uma bomba de vácuo e a um rotâmetro.

Para polpas homogêneas, o ensaio é feito da seguinte forma:
♦ a polpa a filtrar é colocada numa vasilha;
♦ o kit de filtragem é introduzido na polpa durante o tempo pré-estimado para formar a torta (tempo de formação);

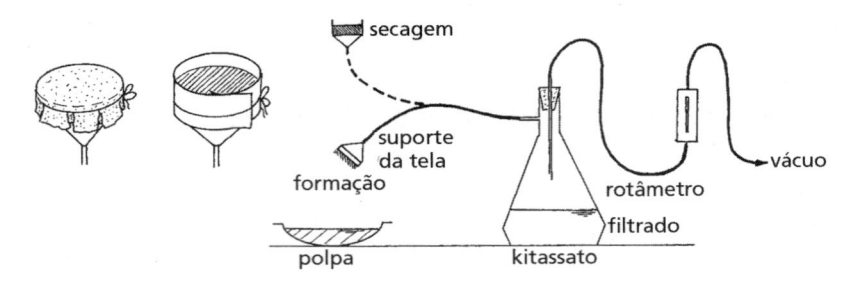

Fig. 3.18 *Kit* de ensaio de filtragem

♦ ele é retirado da polpa e continua submetido ao vácuo durante períodos definidos (tempo de secagem);
♦ medem-se a sua espessura, umidade final, peso seco etc.

O *filter leaf test* consiste em variar tempos de formação e de secagem. Esse ensaio, conforme descrito, reproduz o ciclo de filtragem – formação da torta e secagem –, exceto a sopragem. Todos os tempos são registrados num formulário como o mostrado na Fig. 3.19, bem como outros parâmetros, tais como turbidez e volume do filtrado, umidade final da torta, espessura da torta etc.

Em muitos casos, é conveniente padronizar a imersão do *kit* na bacia, pois verifica-se que os resultados podem ser afetados (R. P. Cezar, comunicação pessoal, Anchieta – ES, 2000).

Quando a polpa é heterogênea, constrói-se um receptáculo em torno das bordas do suporte da tela, com fita plástica ou metálica, e derrama-se a polpa a filtrar na taça assim construída, passando-se a reproduzir o ciclo de filtragem num filtro plano.

Os parâmetros quantificadores do processo são a razão de filtragem (*filter rate*), expressa em $(kg/h)/ft^2$; a velocidade de filtragem (L/h); e os tempos do ciclo. Com esses parâmetros é possível dimensionar diretamente os filtros industriais, sem necessidade de instalações-piloto.

A escolha dos filtros é feita a partir dos resultados do *filter leaf test*. O valor encontrado no ensaio para a razão de filtragem serve para definir a área filtrante diretamente, mediante a utilização de um fator de escala. Como o ensaio de laboratório é feito em condições estritamente controladas, o valor real a ser observado na prática é certamente menor. A Dorr-Oliver (1972) recomendava usar 65% do valor da razão de filtragem encontrada em laboratório; a Eimco (s.d.) recomendava usar 80%.

Os tempos do ciclo são também definidos a partir dos resultados do ensaio. O ciclo completo tem, obrigatoriamente, as quatro etapas já mencionadas e mais dois tempos mortos: entre o fim da secagem e o início da sopragem, e entre o fim da sopragem e o início da formação. Quando os vácuos de formação e de secagem têm valores diferentes, é

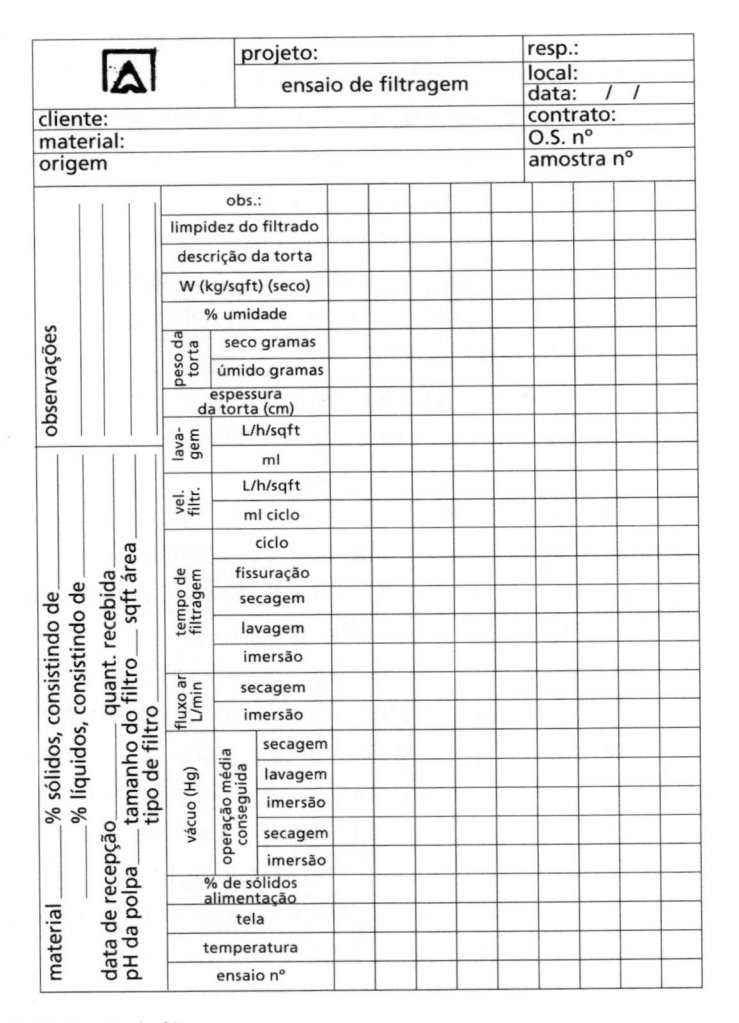

	projeto:	resp.:
ⒶⒶ ensaio de filtragem		local:
		data: / /
cliente:		contrato:
material:		O.S. n°
origem		amostra n°

observações	% sólidos, consistindo de ___ % líquidos, consistindo de ___ quant. recebida ___ tamanho do filtro ___ sqft área ___ tipo de filtro ___			obs.:									
				limpidez do filtrado									
				descrição da torta									
				W (kg/sqft) (seco)									
				% umidade									
			peso da torta	seco gramas									
				úmido gramas									
				espessura da torta (cm)									
			lava-gem	L/h/sqft									
				ml									
			vel. filtr.	L/h/sqft									
				ml ciclo									
material ___		data de recepção ___ pH da polpa ___	tempo de filtragem	ciclo									
				fissuração									
				secagem									
				lavagem									
				imersão									
			fluxo ar L/min	secagem									
				imersão									
			vácuo (Hg)	operação média conseguida	secagem								
					lavagem								
					imersão								
					secagem								
					imersão								
				% de sólidos alimentação									
				tela									
				temperatura									
				ensaio n°									

Fig. 3.19 Ensaio de filtragem

necessário haver um pequeno tempo morto entre os dois tempos (cerca de 15°).

Sempre uma das etapas é que determina o tempo do ciclo completo. Os tempos reais de formação e de secagem são fornecidos pelo ensaio. São valores experimentais que traduzem a realidade física da operação: o tempo de formação para resultar aquela espessura de torta e aquela massa por unidade de área é um valor definido, e isso é um parâmetro de processo que não pode ser mudado. O mesmo acontece com o tempo de secagem: para secar aquela torta à umidade final medida, é necessário o tempo de secagem medido, e isso não pode ser mudado! Por outro lado, deve-se considerar a dinâmica do equipamento a ser usado. Esses tempos devem corresponder, cada um, a uma porcentagem mínima do ciclo total, para garantir o bom desempenho. A dificuldade toda do projeto de instalações de filtragem está em conciliar as exigências do material com as exigências do equipamento.

Essas porcentagens do ciclo, para cada tipo de filtro, são mostradas na Tab. 3.5. Porém, não usaremos esses valores, mas sim os recomendados por Door-Oliver (1972), que reproduzimos a seguir:

♦ filtro de tambor:

    tempo de formação = 25% do ciclo total

    tempo de sopragem = 33% do ciclo total

    tempo de secagem = 50% do ciclo total

♦ filtro de discos:

    tempo de formação = 33% do ciclo total

    tempo de secagem = 40% do ciclo total

♦ filtro plano: o critério é diferente: cerca de 25% do ciclo são usados para a descarga da torta e para a nova alimentação, e os restantes 75%, para a secagem.

Os ensaios são conduzidos de modo a formar uma torta com uma espessura mínima de 1" num tempo máximo de 20 segundos. Se isso não for possível, o uso do filtro plano é inadequado.

O ensaio deve ser conduzido com a observação e o registro dos tempos de formação e de secagem. O tempo de formação termina quando termina o jorro abundante de filtrado; as gotas remanescentes pertencem ao tempo de secagem.

Passamos a descrever ensaios de filtragem de concentrado de fluorita (Chaves, 1989). O material, nesse caso, foi um concentrado de flotação, com granulometria inferior a 65 malhas e quantidade substancial de finos. Os equipamentos indicados foram, portanto, o

Tab. 3.5 PORCENTAGEM DO CICLO DEDICADO A CADA TAREFA E OUTRAS CARACTERÍSTICAS

Tipo de filtro	Formação (%)	Lavagem (%)	Secagem (%)	Número possível de estágios de lavagem	Espessura mínima da torta (mm)
discos	5-40	não recomendada	5-45	–	4
tambor	5-50	0-30	0-60	1	–
c/raspador	–	–	–	–	6
c/ rolo	–	–	–	–	1
c/ fio	–	–	–	–	6
c/correia contínua	–	–	–	–	3
pre-coat	–	–	–	–	0
top feed	5-15	0-20	25-70	1	12
belt filter	5-90	11-90	5-90	quantos se desejar	20
plano	5-70	0-70	5-75	–	20

Fonte: Dahlstrom (1980).

filtro de discos e o filtro de tambor, e os ensaios foram feitos simulando a operação desses equipamentos.

A tela escolhida, após alguns ensaios exploratórios, foi a REMAE 2007-5. Trata-se de uma tela de poliéster com *staples*. Definido o tecido, foram testadas várias condições de diluição da polpa a ser filtrada, que indicaram 60% de sólidos como o valor mais conveniente. Os ensaios de filtragem são apresentados nas planilhas da Fig. 3.20. Variaram-se os tempos de formação (imersão) e de secagem. As planilhas mostram todos os dados registrados durante os ensaios.

O tratamento dos resultados consistiu de:

1 tabelar e traçar o gráfico das espessuras de torta *versus* o parâmetro W, que resultou na Fig. 3.21. Quanto maior a espessura da torta, maior o peso por unidade de área. A correlação é linear;

alternativa		projeto: Apiaí ensaio de filtragem	responsável: M. Iberê local: LTM/EPUSP data:
cliente: material: concentrado K origem:			amostra: contrato: O.S.

ensaio	1	2	3	4	5	6	7	8	9
temperatura tela	2007S	2007S	2007S	2007S	2007S	2007S	2007S	2007S	2007S
% sólidos	60	60	60	60	60	60	60	60	60
alimentação vácuo imersão ("Hg)			13	12,5	12,5	14	11	12,0	11,5	11,5
vácuo secagem ("Hg)			15	12	12,5	12	11	11	11	11
fluxo de ar imersão (1/min)			30	33	36	36	37	36,5	36	36
fluxo de ar secagem (1/min)			27	31	33	36	36,5	38	35,1	35,1
tempo de imersão(s)	20	10	10	10	10	10	20	20	20
tempo de lavagem (s)									
tempo de secagem (s)	20	10	13	20	50	100	20	26	26
fissuração volume de filtrado (ml)	440	230	200	200	200	190	220	292	292
espessura da torta (cm)	2,9	2,3	2,2	2,4	2,3	2,3	3,0	3,4	3,4
peso úmido (g)	703,9	551	543,8	580	568,8	574,4	713,6	827,1	827,1
peso seco (g)	567	435	450	464	471	486	555	672	672
umidade (%)	19,4	21,1	17,2	20,0	17,2	15,4	22,2	18,8	18,8
kg/h/ft^2	2,61	2,58	2,66	2,60	2,66	2,68	2,56	2,62	2,62
w (kg/ft^2)	5,7	4,4	4,5	4,6	4,7	4,9	5,6	6,7	6,7
t$_s$/w (min/kg)	0,058	0,038	0,048	0,072	0,177	0,340	0,060	0,065	0,065
limpidez do filtrado	A	A	A	A	A	A	A	A	A
observações: vazão de lastro = 24,5 pressão máxima do vacuômetro = 17,5									

Fig. 3.20 Planilha com os resultados experimentais

alternativa	projeto: Apiaí ensaio de filtragem				responsável: M. Iberê local: LTM/EPUSP data:			
cliente: material: concentrado K origem:					amostra: contrato: O.S.			
ensaio	10	11	12	13	14	15	16	17
temperatura tela	2007S	2007S	2007S	2007S	2007S	2007S	2007S	2007S
% sólidos	70	70	70	70	50	50	50	50
alimentação vácuo imersão ("Hg)	10	10	7,5	10	7,5	9,5	10,5	10,5
vácuo secagem ("Hg)	9,5	10	7,5	10,5	7,5	9	10	10,5
fluxo de ar imersão (1/min)	41	39	45	38	39	37	34	35
fluxo de ar secagem (1/min)	40	35,9	42	37	38	26,5	35	32
tempo de imersão(s)	10	10	10	10	10	10	10	10
tempo de lavagem (s)								
tempo de secagem (s)	10	13	34	50	10	13	34	50
fissuração volume de filtrado (ml)	130	150	105	190	140	145	190	200
espessura da torta (cm)	3,1	3,3	2,6	3,4	0,9	0,9	1,1	1,1
peso úmido (g)	1.530	1.240	1.040	1.080	600	600	670	620
peso seco (g)	1.220	970	820	90	470	480	640	520
umidade (%)	22,8	21,8	21,2	16,7	21,7	20,0	16,9	16,1
kg/h/ft^2								
w (kg/ft^2)								
t$_s$/w (min/kg)								
limpidez do filtrado	B	B	B	B	B	B	B	B
observações: vazão de lastro = 24,5 pressão máxima do vacuômetro = 17,5								

Fig. 3.20 continuação

2 traçar o diagrama logW × log t_f (Fig. 3.22B). Essa função, em coordenadas log/log, é expressa por uma reta (Dahlstrom, 1980), razão pela qual bastam dois pontos para construí-la. A reta obtida é mostrada na Fig. 3.22B. Quanto maior o tempo de formação (t_f), maior o peso da torta por unidade de área (W). Porém, a relação dos valores reais não é linear. Ela tem o aspecto mostrado na Fig. 3.22A, em que o crescimento de W diminui com o tempo;

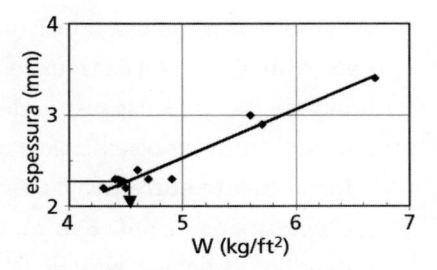

Fig. 3.21 Espessura da torta em função de W

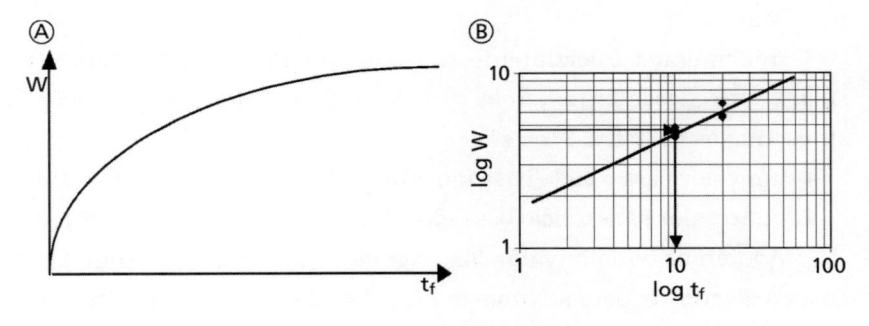

Fig. 3.22 W em função do tempo de formação

3 traçar o diagrama umidade da torta × (t_s/W). A umidade final da torta depende não apenas do tempo durante o qual ela é secada (t_s), mas também da quantidade de material que está sendo secada (W). Aumentando a quantidade de material a ser secado, para o mesmo tempo de secagem, a umidade final aumentará. Com os dados das planilhas da Fig. 3.20, resulta o diagrama mostrado na Fig. 3.23.

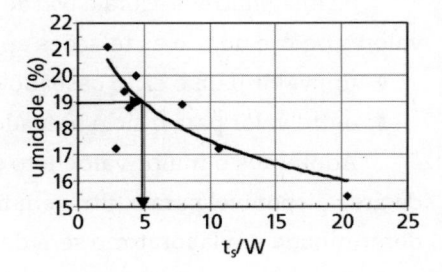

Fig. 3.23 Umidade da torta em função de W e do tempo de secagem

Vamos exemplificar a utilização desses resultados mediante a seleção de um filtro para desaguar esse material. A torta desejada deverá ter umidade de 19% e espessura de 2,3 mm. Para dimensionar o filtro, precisamos conhecer o seu ciclo e a razão de filtragem decorrente.

1. Inicialmente entramos na Fig. 3.21 com o valor desejado para a espessura da torta (2,3 mm). Verifica-se que o valor de W corresponde é de 4,58 kg/ft^2.
2. Ao entrarmos com esse valor de W na Fig. 3.22, encontraremos o valor do tempo de formação correspondente, isto é, $t_f = 10$ s, que é igual a 0,167 min.
3. Para entrar na Fig. 3.23, precisamos do valor da umidade, 19%, que corresponde a $t_s/W = 5$. Como $W = 4,58$, resulta $t_s = 50$ s $= 0,835$ min.

Imaginemos, inicialmente, o uso de um *filtro de discos*. Para calcular o ciclo desse filtro, temos os valores do t_f e do t_s, e as relações apresentadas na Tab. 3.5, ou seja:

♦ um valor para o ciclo baseado em $t_f = 10/0,33 = 30,3$ s $= 0,5$ min;
♦ outro valor para o ciclo baseado em $t_s = 50/0,4 = 125$ s $= 2,08$ min.

Adotemos o maior valor. Isso significa que a cada 2,08 min, 1 ft^2 de área disponível para a filtragem filtrará 4,58 kg. A razão de filtragem determinada em laboratório será de:

$RF_{f.discos} = 4,58/2,08 = 2,2$ (kg/min)/ft^2 ou 131,9 (kg/h)/ft^2

Se imaginarmos agora o uso de um *filtro de tambor*, com os mesmos valores do t_f e do t_s e as relações apresentadas na Fig. 3.19, teremos:

♦ um valor para o ciclo baseado em $t_f = 10/0,25 = 40$ s $= 0,67$ min;
♦ outro valor para o ciclo baseado em $t_s = 50/0,5 = 100$ s $= 1,67$ min.

Adotemos o maior valor. Isto significa que a cada 1,67 min, 1 ft^2 de área disponível para a filtragem filtrará 4,58 kg. A razão de filtragem determinada em laboratório será de:

$RF_{f.tambor} = 4,58/1,67 = 2,75$ (kg/min)/ft^2 ou 164,9 (kg/h)/ft^2

Uma consideração muito importante é a de que esses valores da razão de filtragem são valores em laboratório. Para passar para a operação industrial, é necessário aplicar um fator de escala. Geralmente se admite que o valor da razão de filtragem industrial seja 80% do valor da razão de filtragem determinada em laboratório.

O ensaio de filtragem visa reproduzir todo o ciclo de filtragem, razão pela qual é importante manter e reproduzir todas as condições, inclusive tempos mortos e, se possível, o tempo de secagem. Para ensaios de filtros de tambor, em que a descarga é feita pela raspagem da torta por uma lâmina, deve-se investigar a possibilidade de executar fisicamente essa operação raspando-se a tela com uma espátula. Materiais argilosos ou pegajosos muitas vezes são descarregados por rolos. Nesse caso, essa possibilidade também precisa ser comprovada rolando-se um bastão sobre a torta. Filtros com *pre-coat* exigem um dispositivo auxiliar especial que permite variar a altura do *pre-coat* sobre a tela (Bonnier, s.n.t.).

O uso de vapor superaquecido para auxiliar a filtragem pode ser testado em laboratório: para isso, é necessário ter uma tubulação de vapor e um dispositivo que permita soprá-lo sobre o *kit*. Inicialmente se faz o acompanhamento da variação da temperatura do filtrado durante a exposição do vapor: verifica-se que ela sobe subitamente a partir de um determinado instante, denominado *breakthrough time*. Determinado esse tempo, passa-se a simular o ciclo de filtragem, agora definido a partir do *breakthrough time*: o tempo sob a ação do vapor deve ser esse período mais 15 segundos, e o tempo de secagem, o dobro do tempo sob a ação do vapor (Bonnier, s.n.t.).

Um parâmetro muito importante de ser medido é a vazão de ar. Ela é necessária para o dimensionamento da bomba de vácuo e para permitir o correlacionamento de resultados de diferentes ensaios.

3.7 Projeto de instalações de filtragem

A primeira opção deve ser sempre o filtro de discos: ele tem um valor enorme para a relação área filtrante/área ocupada na usina, é o mais barato dos modelos e seu custo operacional é inferior ao dos demais modelos. Sua aplicação é limitada a polpas homogêneas e a materiais que não obstruam a tela.

O filtro plano é caro mas tem baixo custo operacional e assegura uma operação muito tranquila. Sua limitação é não funcionar bem com polpas que possam entupir a tela e com outras que, eventualmente, tenham um tempo de secagem mais prolongado.

O filtro de tambor compete com o de discos no campo de aplicações, mas é muito maior (e mais caro), sendo sua aplicação limitada a polpas de filtragem problemática e/ou que exijam a lavagem da tela.

O filtro de correia tem investimento intermediário mas custo operacional elevado, em razão do acentuado desgaste das telas. Sua vantagem sobre o filtro plano é a possibilidade de aumentar a área filtrante por meio do aumento do seu comprimento.

Os pontos que merecem maior atenção no projeto são a perna manométrica, que deve ser mais longa que a depressão da linha, expressa em metros de coluna de água, e a alça da tubulação de vácuo. O tanque onde a ponta inferior da perna manométrica está imersa e por onde se faz a descarga do filtrado geralmente fica no piso mais baixo da usina, bem como a bomba de vácuo. Dessa forma, o filtro e as tubulações de vácuo sempre ficam em pisos superiores.

A descarga da bomba de vácuo exige silenciador.

A torta geralmente descarrega sobre um transportador de correia que a remove para o local de destino.

A Tab. 3.6 mostra valores médios de instalações industriais e pode ser usada para avaliações grosseiras e preliminares de áreas de filtragem – não pode ser utilizada em projeto.

3.7.1 Prática operacional

A velocidade de formação e a velocidade de filtragem são diretamente proporcionais à raiz quadrada da depressão (vácuo) e à porcentagem de sólidos da alimentação, e inversamente proporcionais à raiz quadrada da viscosidade da polpa (Bonnier, s.n.t.). Portanto, é de toda a conveniência adensar ao máximo a alimentação da filtragem. O limite prático é a possibilidade física de bombeamento da polpa adensada.

Tab. 3.6 VALORES MÉDIOS DE RAZÃO DE FILTRAGEM E UMIDADE DA TORTA EM INSTALAÇÕES INDUSTRIAIS

Material	% sólidos	Tamanho das partículas na alimentação	Razão de filtragem (lb/h/sq.ft)	Umidade da torta
tri-hidrato de alumínio	35-40	30 a 40 mm	140	20-21
cavaco de desempenadeira	4	–	30-33	83
barita	54-58	95% −325#	88	18
carbonato de cálcio	45-50	100% −325#	145	75-80
carbono	8-10		20-30	25
cimento	62-67	70% −325# 3% +100#	18-25	21-2
carvão lavado	25-30	28# × 0,6% Cz	60-70	30
rejeito de carvão	30 mínimo	28# × 0,45% Cz	30	13
concentrado de cobre	50	1% +100# 96% −325#	100	64-68
rejeito de recup. de tintas	2-6	–	2-4	22
poeiras volantes	50	2,5% +100# 95% −200#	30	9-11
fluorita	60-65	100% −65# 70% +325#	45	19-20
gilsonita	40	12,4% −200#	95	27
grafite	33	41% +150# 232% −200#	35	

Tab. 3.6 Valores médios de razão de filtragem e umidade da torta em instalações industriais (Cont.)

Material	% sólidos	Tamanho das partículas na alimentação	Razão de filtragem (lb/h/sq.ft)	Umidade da torta
ilmenita	70	50% −325#	140	7,5
hematita	70	1% +100# 72% −325#	125-200	9-11
magnetita	50-60	87-91% −325# Blaine 1700 −2000	156-200	9,5-11,5
taconita	50-55	98% −325#	165-200	10
pirita	71,5	94,5% −325#	100	15
pirrotita	50-60	0% +100# 55% −325#	85-120	7-8
concentrado de chumbo	70-76	70% −325#	75	12,5
minério de lítio	21-25	0% +100# 50% −200#	72	40-42
hidróxido de magnésio	32	–	28	50
licor de picles neutralizado	18-20	88% −200#	15	65
zinco	55-63		30-35	9,5-10

Fonte: catálogo do Eimco Agidisc Filter.

A velocidade de secagem é diretamente proporcional à depressão e à vazão de ar (vácuo) através da tela, e depende das características granulométricas do material (Dahlstrom, 1980).

A quantidade de lamas afeta a razão de filtragem e a umidade final da torta. Quando existe grande quantidade de finos, o uso de *pre-coat* pode ser uma boa solução, restrita, todavia, a filtros alimentados por gravidade.

A quantidade de partículas grossas, por sua vez, pode ser um problema. Quando a polpa é constituída de partículas finas e o filtro é de discos, tais partículas não são aspiradas para a torta e tendem a permanecer na polpa, podendo até mesmo danificar as partes móveis do equipamento. O aumento da velocidade do agitador nem sempre é uma solução, pois pode atrapalhar a formação da torta (desmanchar a torta já formada).

A adição de floculantes e *filter aids* sempre ajuda a filtragem. Amido, sulfato de alumínio, carvão fino, diatomitas ou papel moído são amplamente utilizados. Porém, como tais elementos podem constituir--se em agentes contaminantes da torta, essa possibilidade deve ser averiguada com antecedência.

Bonnier (s.n.t.) relata uma extensa experiência com *filter aids*:
- tutano seco (*dry bone animal glue*) é um bom agente filtrante, que parece não ter efeitos adversos, desde que não se use tutano cru (não seco). É efetivo para partículas finas que precipitam depois e mais bem adaptado aos circuitos ácidos;
- cal é outro coagulante estável e deve ser sempre o primeiro reagente a se considerar com essa finalidade;
- ácido sulfúrico, sulfato de magnésio, cloreto férrico, alume, sulfato ferroso e amido cáustico também podem ser usados, mas todos podem apresentar efeitos nocivos;
- a adição de 2 lb/st de cal a uma polpa de hematita com 70% de sólidos, associada com a elevação da temperatura da polpa, diminuiu a umidade da torta de 13,3% para 7,8%, e aumentou a razão de filtragem de 92,5 para 115,5 lb/h/ft^2;

◆ a adição de tutano (1 lb/st) nas mesmas condições ao mesmo minério não conseguiu reduzir a umidade da torta, mas aumentou a razão de filtragem para 326 lb/h/ft² (252%).

Vapor superaquecido é utilizado com bastante sucesso no desaguamento de *pellet-feed*. O vapor não pode ter umidade nenhuma, devendo a linha ser provida de purgadores. Trabalha-se geralmente com 30°F de superaquecimento. O vapor atua durante metade do período da secagem – durante a outra metade, passa ar, que resfria a torta.

Ao acompanhar-se a variação da temperatura do filtrado durante a exposição da torta ao vapor, verifica-se que ela sobe subitamente depois de um certo período de tempo. Este é o *breakthrough time*, quando cessa a condensação de vapor dentro da torta e começa a filtragem. O tempo sob a ação do vapor deve ser o *breakthrough time* mais 15 segundos.

Exercícios resolvidos

> **3.1** Escolher o filtro de tambor para filtrar 18,4 t/h de sólidos. A razão de filtragem (determinada em laboratório) da polpa de alimentação é de 454 (kg/h)/ft².

Solução:
A razão de filtragem industrial será 80% do valor indicado, ou seja,
RF ind. = 0,8 × RF lab. = 0,8 × 454 = 363,2 (kg/h)/ft²
A área necessária de filtragem será de:
área = 18,4 × 1.000/363,2 = 50,7 ft² = 4,7 m²
Com base na tabela de tamanhos de filtros de tambor (Tab. 3.3), verificamos que os filtros de 4 × 4 ft (diâmetro × comprimento) e de 3 × 6 ft atendem a essa área. Em princípio, a segunda opção é melhor, pois tem área ligeiramente maior (reserva de capacidade), e filtros de menor diâmetro costumam ser mais baratos.

> **3.2** Ensaios de laboratório (*filter leaf tests*) deram a razão de filtragem de 100 (lb/h)/ft². Qual a área de filtragem necessária para 100 st/24 h?

Solução:

Apesar do grande esforço em favor da metrificação dos sistemas de unidades, é comum encontrar unidades americanas ou britânicas, que, muitas vezes, são inteiramente fora de propósito. É o caso deste exercício. Libras, toneladas curtas e, em vez de vazões em t/h, vazões em st/dia. Para evitar erros, é melhor trabalhar no sistema de unidades do enunciado, fazendo a conversão de unidades uma única vez, ao final.

O conhecimento de alguns detalhes facilita a vida:
- 1 pé = 12 polegadas;
- 1 tonelada curta = 2.000 libras.

Isso posto, o exercício pode ser resolvido conforme:

RF ind. = RF lab. × 0,8 = 100 × 0,8 = 80 (lb/h)/ft²

$$\text{área} = \frac{\text{vazão}}{\text{RF projeto}} = \frac{(100\,\text{st/h} \times 2.000\,\text{lb/st})}{[24\,\text{h} \times 80\,(\text{lb/h})/\text{ft}^2]} = 104{,}2\,ft^2$$

3.3 Uma torta satisfatória para filtro de tambor (1/4″) é formada em 1 min 45 s. Qual é o ciclo de filtragem? Como é ele?

Solução:
- tempo de formação = 1 min 45 s = 105 s = 1,75 min
- tempo de formação / filtro de tambor = 25% do ciclo

  ⇒ ciclo = $\frac{1{,}75}{0{,}25}$ = 7 min = 420 s

- Para filtro de tambor, o ciclo fica, então:

  t_f = 1,75 min = 105 s

  t_{sopr} = 0,33 × 420 = 138,6 s ≅ 140 s

  t_{sec} = 0,5 × 420 = 210 s

Tem-se a soma de 455 s, que é mais do que o ciclo inicialmente determinado de 420 s, e isso sem considerar os tempos mortos.

Verificamos, portanto, que esse valor inicial é apenas uma indicação, insuficiente para atender às necessidades da operação. Acertamos o ciclo da seguinte maneira:

- t_f = 105 s
- t_{sopr} = 140 s

- $t_{sec} = 210$ s
- $t_{morto} = 91$ s (admitindo que o eixo do filtro tenha 12 condutos, dois deles estarão reservados para os tempos mortos. Cada conduto usa 455/10 = 45,5 s)
- ciclo total = 546 s

3.4 Um ensaio de filtragem indicou a conveniência de usar filtro de tambor, tempo de formação de 60 s e tempo de secagem de 100 s. Qual o ciclo?

Solução:
- tempo de formação = 25% do ciclo
- tempo de secagem = 50% do ciclo
- a partir de t_f: (ciclo total)$_f = \frac{60}{0,25} = 240$ s
- a partir de t_s: (ciclo total)$_s = \frac{100}{0,5} = 200$ s
- Adota-se ciclo = 240 s = 4 min $\Rightarrow$ rotação = 0,25 rpm:
  formação = 60 s;
  secagem = 100 s = 41,7%;
  sobram 80 s = 33,3% para sopragem e tempo morto.
- Necessita-se de 0,33 × 240 = 80 s só para a sopragem. Por isso, aumenta-se o valor para 270 s.

3.5 Um ensaio de filtragem de uma polpa apta para ser filtrada em filtro de discos indicou tempo de formação de 20 s e tempo de secagem de 60 s. Qual o ciclo?

Solução:
- tempo de formação = 33% do ciclo
- tempo de secagem = 40% do ciclo
- a partir de t_f: (ciclo total)$_f = \frac{20}{0,33} = 60,6$ s
- a partir de t_s: (ciclo total)$_s = \frac{60}{0,4} = 150$ s
- Tem-se, então:
  formação = 20 s = 13,3%;
  secagem = 60 s = 40%;
  sobram 70 s = 46,7% para sopragem e tempo morto.

3.6 Especificar um filtro para o seguinte serviço:
- alimentação = 25 t/h;
- polpa homogênea com 50% de sólidos;
- torta com 15% de umidade.

Foram feitos ensaios com duas telas diferentes, uma que não entope mas deixa passar material sólido para o filtrado, e outra que tende a entupir e, por isso, precisa ser lavada após cada ensaio. Os resultados obtidos em laboratório foram:

Parâmetro/tela	Não entope	Entope
razão de filtragem (kg/h/ft^2)	60	35
tempo de formação (min)	0,75	1,25
tempo de secagem (min)	1,0	1,0
espessura da torta (")	3/8	1/2
qualidade do filtrado	turvo	límpido

Solução:

1 Escolha do filtro: o fato de a polpa ser homogênea permite que possamos utilizar tanto o filtro de discos como o filtro de tambor. O fato de a tela que dá o filtrado límpido entupir recomenda a lavagem da tela, o que só é possível com o filtro de tambor. Porém, os resultados experimentais mostram que, com uma tela mais aberta (razão de filtragem maior) e permitindo a passagem de algum sólido para o filtrado – o que exigirá a instalação de uma bomba de polpa –, é possível utilizar o filtro de discos. Devemos, pois, dimensionar os dois equipamentos e adotar o que for economicamente mais interessante. Os parâmetros para o dimensionamento serão:

Filtro	Discos	Tambor
razão de filtragem (kg/h/ft^2)	60	35
tempo de formação (min)	0,75	1,25
tempo de secagem (min)	1,0	1,0
espessura da torta (")	3/8	1/2

2 Área de filtragem:

$$\text{área}_{f.tambor} = \frac{25\,t/h \times 1.000\,kg/t}{0{,}8 \times 35\,(kg/h)/ft^2} = 892{,}9\,ft^2 = 82{,}9\,m^2$$

$$\text{área}_{f.discos} = \frac{25\,t/h \times 1.000\,kg/t}{0{,}8 \times 60\,(kg/h)/ft^2} = 520{,}8\,ft^2 = 48{,}2\,m^2$$

O fator 0,8 deve-se ao fato de a razão de filtragem ter sido determinada em laboratório.

3 Ciclo de filtragem:

♦ filtro de discos:

$t_f = 33\% \Rightarrow \text{ciclo}_{FD.tf} = \frac{0{,}75}{0{,}33} = 2{,}3\,\text{min}$

$t_s = 40\% \Rightarrow \text{ciclo}_{FD.tf} = \frac{1{,}00}{0{,}40} = 2{,}5\,\text{min}$

Adotam-se 2,5 min. O ciclo fica, então:

tempo de formação = 0,75 min = 33%

tempo de secagem = 1,00 min = 43,5%

tempo de sopragem + tempo morto = 0,75 min = 23,5%

CICLO TOTAL = 2,5 min = 100%

rotação do filtro = 1/2,5 = 0,4 rpm

♦ filtro de tambor:

$t_f = 25\% \Rightarrow \text{ciclo}_{FT.tf} = \frac{1{,}25}{0{,}25} = 5\,\text{min}$

$t_s = 50\% \Rightarrow \text{ciclo}_{FT.tf} = \frac{1{,}00}{0{,}20} = 2\,\text{min}$

Adotam-se 5 min. O ciclo fica, então:

tempo de formação = 1,25 min = 25%

tempo de secagem = 1,00 min = 20%

tempo morto = 1,10 m = 22%

tempo de sopragem = 1,65 min = 33%

CICLO TOTAL= 5,0 min = 100%

rotação do filtro = 1/5 = 0,2 rpm

(4) Resposta: são possíveis duas alternativas tecnicamente viáveis:

a] filtro de 8 discos de 6 ft 9", ciclo de 2,5 min, 0,4 rpm;

b] 2 filtros de tambor de 12x12 ft², ciclo de 5 min, 0,2 rpm.

3.7 25 t/h de concentrado de rocha fosfática, moído a −200# (67% −400#), a 50% de sólidos, devem ser desaguadas por filtragem. Os ensaios indicam como melhor tela a de náilon 317F, mas mostraram que essa tela entope com a operação continuada. Os resultados dos ensaios de filtragem são resumidos na Fig. 3.24. Escolher o filtro mais adequado, sabendo que a torta deve ter entre 15 mm e 17 mm de espessura, e umidade entre 13% e 15%.

Solução:

a) Escolha do equipamento: o fato de a tela entupir exige, para essa operação, um filtro que permita a lavagem da tela a cada ciclo. Para efeito deste exercício, escolheremos um filtro de tambor.

b) Determinação dos parâmetros de operação:
- ◆ do gráfico [espessura da tela × W], adotando a espessura de 17 mm, obtemos $W = 2,65$ kg/ft^2;
- ◆ do gráfico [log W × log (tempo de formação)], entrando com W $= 2,65$, obtemos $t_f = 14,12$ s $= 0,235$ min;
- ◆ do gráfico [umidade × (tempo de secagem/W)], adotando a umidade de 13%, encontramos $t_s/W = 0,65$;
- ◆ sendo $W = 2,65$, tem-se $t_s = 1,72$ min.

c) Determinação do ciclo: sabemos que, para o filtro de tambor:
- ◆ tempo de formação = 25% do ciclo;
- ◆ tempo de secagem = 50% do ciclo;
- ◆ tempo de sopragem = 33% do ciclo.

Dessa forma, os ciclos totais definidos a partir dos tempos determinados acima seriam:
- ◆ a partir de t_f: ciclo total = $\frac{0,235}{0,25} = 0,94$ min;
- ◆ a partir de t_s: ciclo total = $\frac{1,72}{0,5} = 3,44$ min.

Adotamos o ciclo mais longo (que, obviamente, atende às exigências do ciclo mais curto) e o tempo de formação definido a partir dos ensaios. O ciclo total ficará:
- ◆ tempo de formação = 14,1 s;
- ◆ tempo de secagem = 50% do ciclo = 103,2 s;
- ◆ tempo de sopragem = 33% do ciclo = 68,1 s;
- ◆ sobram 21 s.

Essa sobra é o tempo morto, necessário para a lavagem da tela ou simplesmente para as transições entre os outros tempos. O ciclo final fica sendo:

- tempo de formação = 6,8%;
- tempo de secagem = 50,0%;
- tempo de sopragem = 33,0%;
- tempo morto = 10,2%.

d] Razão de filtragem: a razão de filtragem expressa quantos quilos de material são desaguados por ft^2 de filtro em cada hora. Para transpor os resultados de laboratório para a escala industrial é necessário utilizar o fator de escala de 0,8. Dessa forma:

razão de filtragem de projeto = $\frac{W \times 60 \times 0,8}{ciclo} = \frac{2,65 \times 60 \times 0,8}{3,44} = 37,0$ (kg/h)/ft^2

e] Área necessária = $\frac{vazão}{razão\ de\ filtragem} = \frac{25.000\ kg/h}{37\ (kg/h)/ft^2} = 675,7\ ft^2$

A Tab. 3.3 indica que um filtro de 12 × 18 ft atende a essa necessidade. Alternativamente, dois filtros de 10 × 12 ft têm a mesma capacidade. A solução escolhida depende da conveniência do *layout*, das necessidades de operação e manutenção.

f] Especificação do filtro:

- filtro de tambor 12 × 20 ft;
- torta de 17 mm;
- umidade final de 13%;
- rotação = 0,29 rpm;
- ciclo conforme apresentado.

O flange de topo ficará assim:

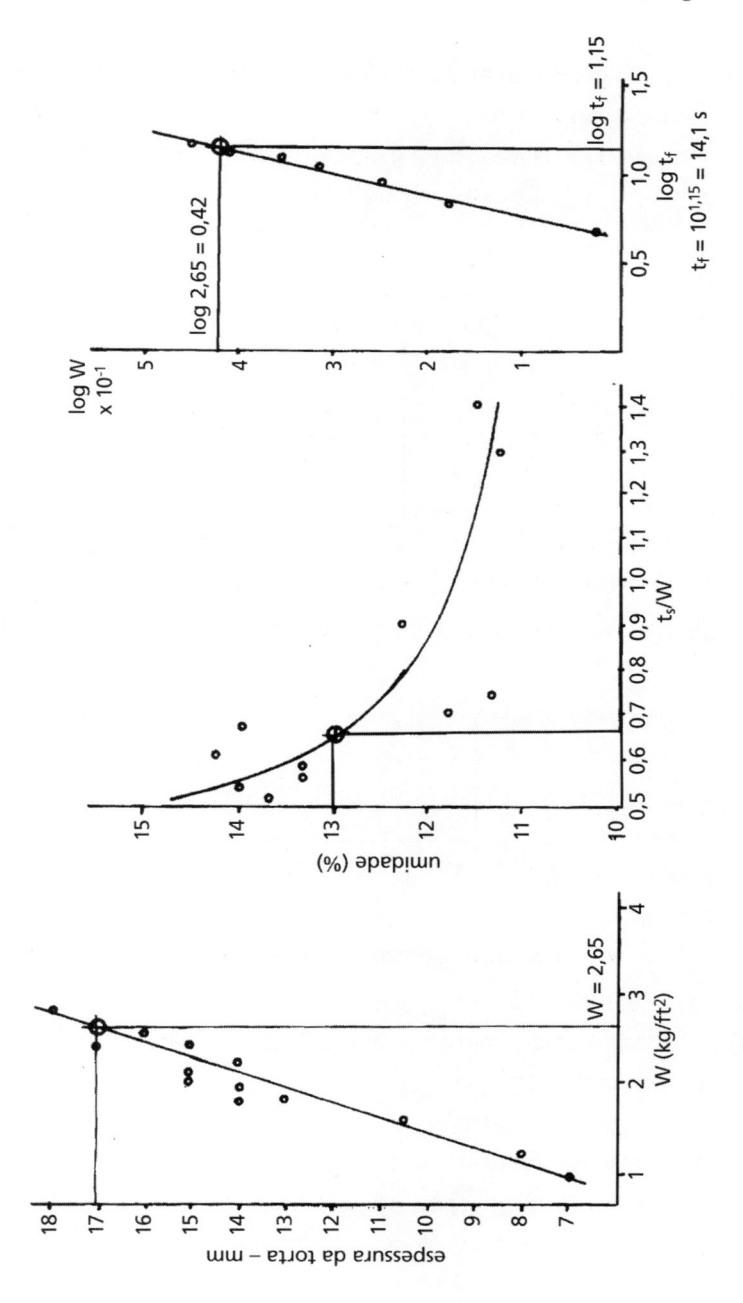

Fig. 3.24

3.8 Estudar o desaguamento em filtro de discos e de tambor do material cujos ensaios de filtragem resultaram nas Figs. 3.25, 3.26 e 3.27. A umidade desejada para a torta é de 25% e a espessura da torta é de 1/2" para o filtro de discos e de 1/4" para o filtro de tambor. A alimentação é de 10 st/h.

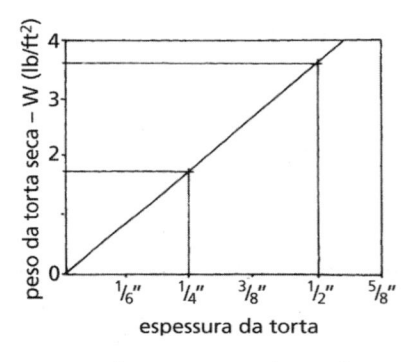

Fig. 3.25 (W × espessura da torta)

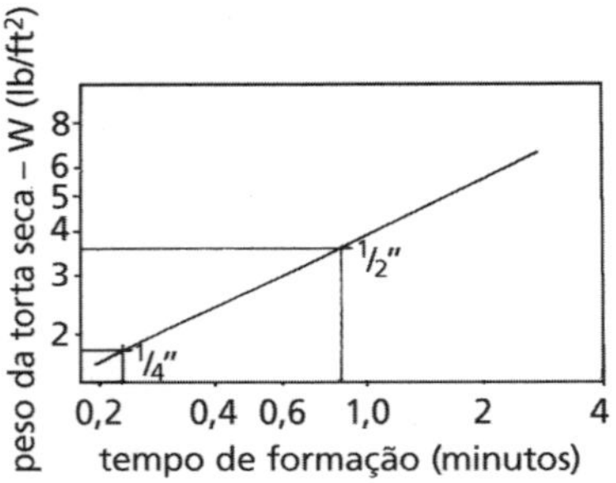

Fig. 3.26 (W × t_f)

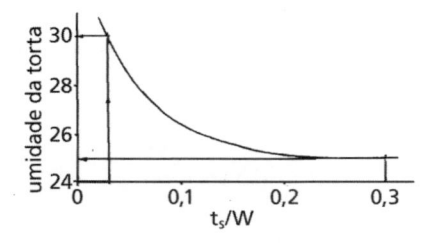

Fig. 3.27 (umidade da torta × t_s/W)

Solução:
  a] Estudando, inicialmente, a aplicação de um *filtro de discos*:
  ◆ tempo de formação = 33% do ciclo;
  ◆ tempo de secagem = 40% do ciclo;
  ◆ espessura da torta = 1/2".
      Fig. 3.25 (W × espessura da torta): 1/2" ⇒ W = 3,6 1b/ft^2.
      Fig. 3.26 (W × t_f): W = 3,6 1b/ft^2 ⇒ t_f = 0,89 min.
      Fig. 3.27 (umidade da torta × t_s/W): 25% ⇒ t_s/W = 0,3 ⇒ t_s = 1,08 min.

Então:
- ciclo definido pelo tempo de formação = $\frac{0,89}{0,33}$ = 2,7 min;
- ciclo definido pelo tempo de secagem = $\frac{1,08}{0,40}$ = 2,7 min.

Então, o ciclo é 2,7 min. A rotação do filtro é 1/2,7 = 0,37 rpm.

O ciclo fica:
- tempo de formação = 0,89 min;
- tempo de secagem = 40% do ciclo = 1,08 min;
- tempo de sopragem e morto = 0,73 min = 27%.

A razão de filtragem é:

$\frac{W}{ciclo}$ × fator × 60 min/h = $\frac{3,6}{2,7}$ × 0,8 × 60 = 64 (lb/h)/ft²

A área de filtragem = $\frac{10 \times 2.000}{64}$ = 312,5 ft²

Com base na Tab. 3.1, verificamos que diversos modelos de filtros atendem a essa especificação: 7 discos de 6 ft; 5 discos de 6'9"; 3 discos de 8'10". Um desses modelos atenderá melhor às necessidades específicas do projeto.

Resposta:

filtro de 5 discos de 6'9"

torta de 1/2"

umidade = 25%

rpm = 0,37

b) Estudando, agora, a aplicação do *filtro de tambor*:
- tempo de sopragem = 33% do ciclo
- espessura da torta = 1/4"

Fig. 3.25 (W × espessura da torta): 1/4" ⇒ W = 1,8 lb/ft².

Fig. 3.26 (W × t_f): W = 1,8 lb/ft² ⇒ t_f = 0,22 min.

Fig. 3.27 (umidade da torta × t_s/W): 25% ⇒ t_s/W = 0,3 ⇒ t_s = 0,54 min.

Então:
- ciclo definido pelo tempo de secagem = $\frac{0,54}{0,50}$ = 1,08 min;
- ciclo definido pelo tempo de formação = $\frac{0,22}{0,25}$ = 0,88 min.

Adotamos o ciclo de 1,08 min.

O ciclo fica assim distribuído:
- tempo de secagem = 50% = 0,54 min

- tempo de sopragem = 33% = 0,36 min
  88% 1,12 min >1,08 min
  Devemos, pois, adotar arbitrariamente um ciclo maior – 1,40 min –, assim distribuído:
  tempo de formação = 0,22 min
  tempo de secagem = 0,54 min
  tempo de sopragem = 0,36 min
  tempo morto = 0,28 min
  A rotação do filtro é, portanto, 1/1,40 = 0,71 rpm.
  Portanto, a razão de filtragem fica:
  $RF_{FT} = \frac{1,8 \times 0,8 \times 60}{1,4} = 61,7$ (lb/h)/ft²
  E a área necessária:
  $área_{FT} = \frac{10 \times 2.000 \, lb/h}{61,7 \, (lb/h)ft^2} = 324 \, ft^2 = 30 \, m^2$
  Com base na Tab. 3.3, verificamos que é necessário um filtro de 11,5 × 10 ft ou, alternativamente, dois de 8 × 8 ft. Essa última opção é melhor que a primeira porque o filtro é mais curto. Quanto maior o filtro de tambor, maior a perda de carga nas tubulações de vácuo internas a ele.

  Resposta:
  2 filtros de tambor de 8 × 8 ft
  torta de 1/4"
  umidade = 25%
  rpm = 0,71

Referências bibliográficas

BONNIER, A. C. A practical guide covering gravity thickening and vacuum filtration. [s.n.t].

CHAVES, A. P. Caracterização e beneficiamento da fluorita de Apiaí – SP. Tese (Livre-docência) – Escola Politécnica da Universidade de São Paulo, São Paulo, 1989.

DAHLSTROM, D. A. How to select and size filters. In: MULLAR, A. L.; BHAPPU, R. B. (Ed.). Mineral processing plant design. New York: AIME, 1980. p. 578-600.

DORR-OLIVER. Filtration leaf test procedures. Stamford: Dorr-Oliver Inc., 1972.

EIMCO BSP. Application and testing continuous filtration equipment. Salt Lake City: Eimco Envirotech, [s.d.]. Mimeografado. 35 p.

GRACE, H. P. Structure and performance of filter media. I. The internal structure of filter media. American Institute of Chemical Engineers Journal, v. 2, p. 307-315, 1956.

PURCHAS, D. B. An experimental approach to solid-liquid separation. In: _____. (Ed.). Solid-liquid equipment scalle-up. Croyden: Upland Press, 1977. p. 1-14.

4 Reagentes auxiliares

Arthur Pinto Chaves
Laurindo de Salles Leal Filho

4.1 Floculantes e coagulantes

Os sólidos particulados apresentam certas propriedades específicas que se tornam mais nítidas à medida que sua finura aumenta. Eles têm, por exemplo, uma área específica (*surface area*) enorme e que aumenta conforme diminui o tamanho das partículas. Em consequência, as quantidades de cargas elétricas superficiais também são muito grandes. O peso das partículas individuais, por sua vez, é muito pequeno, ao ponto de elas serem afetadas pelo movimento browniano. Se as partículas são do mesmo mineral, as cargas superficiais, via de regra, são de mesmo sinal e irão repelir-se mutuamente. No exercício 1.28 do primeiro volume desta série, comparamos duas partículas cúbicas, uma com 150 µm de lado e outra com 15 µm de lado. A massa da segunda partícula era mil vezes menor que a da primeira, e a sua área específica, dez vezes maior! Isso significa que cada partícula de 150 µm terá peso mil vezes maior que a de 15 µm, e que duas partículas de 15 µm irão repelir-se com força dez vezes maior que duas partículas de 150 µm.

O fenômeno inverso acontece quando as partículas entram em contato entre si e conseguem permanecer juntas. A massa do glomérulo é maior e a sua superfície, menor. A partir de um certo tamanho crítico, a aglomeração torna-se mais fácil e mais rápida, e criam-se condições para o glomérulo deixar de estar sujeito ao movimento browniano e passar a sedimentar. A dificuldade toda está em promover esse contato. A agitação do meio – em princípio, suficiente para fazer as partículas colidirem ou, pelo menos, chegarem tão próximas umas das outras que as forças de Van der Waals possam atuar – funciona apenas em alguns casos especiais.

Para aglomerar partículas cuja dispersão seja da natureza descrita, usam-se eletrólitos que forneçam cargas de sinal oposto ao da superfície das partículas, neutralizando parte delas. Os reagentes utilizados são sais solúveis de Al^{+++}, Fe^{++} e Ca^{++}, tais como sulfatos e carbonatos. Sulfato de alumínio e cal são coagulantes consagrados. Os cátions neutralizam parte das cargas de superfície, eliminam a repelência e permitem que as partículas floculem. Peres, Coelho e Araújo (1980) chamam esse mecanismo de coagulação e reservam o termo floculação para a ação de floculantes orgânicos, que será descrita adiante.

O controle do pH também é amplamente utilizado para acertar a carga superficial, pois H^+ e OH^- são íons controladores de potencial para a maioria das espécies minerais. O ponto isoelétrico (PIE) é aquele pH em que as cargas superficiais na superfície de cisalhamento são nulas e, no que interessa à coagulação, é a condição em que cessa de haver repulsão entre as partículas em decorrência das cargas superficiais. Não confunda com ponto de carga zero (PCZ).

A dispersão de um sistema de partículas pode ser estabilizada por dois mecanismos básicos: estabilização elétrica e ação de um coloide protetor. A desestabilização da dispersão é o fenômeno inverso, sendo obtida mediante a destruição desses mecanismos. Ela pode conduzir ou não à coagulação.

A desestabilização elétrica pode ser obtida mediante a adição dos coagulantes e reguladores de pH, genericamente designados por "eletrólitos".

Floculantes orgânicos são utilizados desde a mais remota antiguidade para a clarificação de água, cerveja e vinho, tanto no Oriente Médio como na Índia. O primeiro uso registrado em mineração ocorreu em 1931, com a utilização de amido e cal para clarificar efluentes de lavadores de carvão (Lewellyn; Avotins, 1988; Hadzeriga; Giannini, 1998).

Polieletrólitos são polímeros orgânicos de cadeia linear e peso molecular elevado (cadeias longas). Esses compostos têm, ao longo de sua cadeia, radicais eletricamente ativos, mas também podem exercer atividades de outras naturezas. A ação dos polieletrólitos ou polímeros orgânicos é diferente da dos coagulantes. Ela varia também com o comprimento relativo da cadeia orgânica.

Passamos a descrever a ação de um *polímero de cadeia curta*. Seja uma partícula carregada negativamente. Um floculante catiônico pode ser adsorvido numa área restrita da sua superfície (somente em parte da superfície), neutralizando as cargas negativas dessa área e, eventualmente, deixando um saldo de cargas positivas. Como consequência, a superfície das partículas passará a apresentar áreas carregadas positivamente, cercadas de áreas de carga negativa (Fig. 4.1). Pode ocorrer, então, que as áreas negativas de uma partícula atraiam as áreas positivas de outra, ou vice-versa, e as partículas se juntem, dando início à formação de um floco (Fig. 4.2). A ação é muito semelhante à dos coagulantes.

Outro mecanismo de floculação é a formação de pontes: o polímero é adsorvido pela partícula apenas em alguns pontos da cadeia molecular. O resto da cadeia polimérica fica livre para adsorver outras partículas, como mostra a Fig. 4.3. Polímeros de baixo peso molecular tendem a formar flocos pequenos e apertados. Conforme o peso molecular aumenta, os flocos tornam-se maiores e mais soltos, o que geralmente se traduz por uma sedimentação mais rápida, mas também pela maior retenção de água dentro do floco. Os flocos produzidos por polímeros de peso molecular mais elevado são também mais delicados, uma vez que são mais sensíveis a tensões de cisalhamento (Hadzeriga; Giannini, 1998).

É fato experimentalmente determinado que o aumento da porcentagem de sólidos favorece a floculação. A explicação torna-se óbvia se imaginarmos que a probabilidade de colisão entre as partículas e as cadeias de floculante também aumenta.

Quando um polieletrólito catiônico é adicionado a uma polpa cujas partículas tenham cargas superficiais negativas (como sílica ou argilominerais), ele pode provocar a floculação devido à neutralização

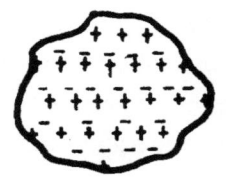

Fig. 4.1 Cargas elétricas superficiais
Fonte: Hadzeriga e Giannini (1998).

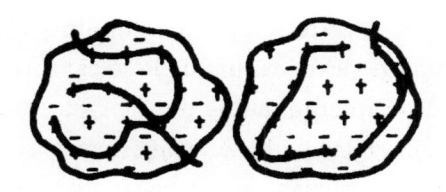

Fig. 4.2 Anulação parcial de cargas elétricas
Fonte: Hadzeriga e Giannini (1998).

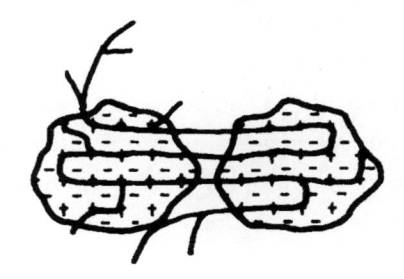

Fig. 4.3 Floculação por pontes de polímeros
Fonte: adaptada de Hadzeriga e Giannini (1998).

das cargas superficiais ou, então, simplesmente por causa da atração das partículas pela macromolécula.

Quando um *polímero de cadeia longa* atua, o fenômeno é um pouco mais complicado, conforme descrito a seguir.

Primeiro tempo: quando macromoléculas de polieletrólitos não iônicos ou aniônicos são adicionadas à suspensão, ocorre a adsorção das partículas às cadeias macromoleculares por atração eletrostática e também por ações de algum outro tipo (p. ex., por forças de Van der Waals ou pontes de hidrogênio).

Segundo tempo: conforme a macromolécula se move para baixo dentro da suspensão, novas partículas são adsorvidas sobre ela ou aprisionadas por ela, aumentando a massa e a carga elétrica do conjunto.

Terceiro tempo: outras macromoléculas são adsorvidas sobre a molécula inicial ou sobre as novas partículas que se lhe agregaram, estabelecendo uma verdadeira rede em que várias partículas e macromoléculas são mantidas juntas.

Quarto tempo: o conjunto adquire massa suficiente para afundar. A sua estrutura de rede captura outras partículas no movimento descendente, aumentando cada vez mais a sua massa e descendo com velocidade cada vez maior. Isso corresponde ao mecanismo de sedimentação por fase, descrito anteriormente.

A capacidade de o polímero adsorver sobre a superfície da partícula pode tornar-se nociva em termos de floculação se o polímero ocupar toda a superfície da partícula. Nessa condição, ele passa a comportar-se como um coloide protetor e anula completamente o efeito floculante. Isso acontece quando a adição de polímero é excessiva – há um limite de adição, além do qual ele passa a agir como dispersante.

O mesmo ocorre quando a cadeia do polímero é cortada, por exemplo, pela hélice de um agitador. A Fig. 4.4 ilustra muito bem o que acontece.

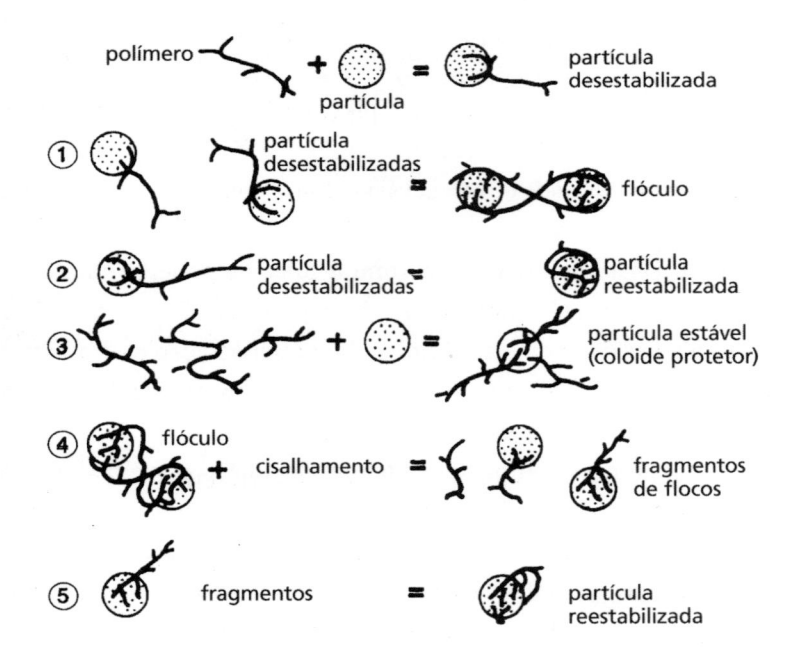

Fig. 4.4 Estabilização por coloide protetor
Fonte: Hadzeriga e Giannini (1998).

Frequentemente, para obter um resultado ótimo, pode ser necessário associar coagulantes e floculantes. Nesse caso, o efeito do pH tem que ser considerado com cuidado, pois, além de afetar a carga superficial das partículas, ele afeta também a ionização dos polímeros. É necessário conhecer a faixa de ionização do floculante e trabalhar dentro dela.

4.2 Produtos químicos utilizados como floculantes

Vários compostos químicos atuam da maneira descrita: poliacrilamida, carboximetilcelulose, polietilenimina, amido, tanino e quebracho, entre outros. As poliacrilamidas são o grupo mais importante. Elas não são iônicas em si mesmas, mas podem ser tornadas aniônicas mediante a copolimerização com acrilatos, ou catiônicas mediante a copolimerização com aminas (Fig. 4.5).

Esses polímeros contêm, ao longo da cadeia predominante, apenas uma pequena porção dos grupos carboxilato, ionizáveis. Dessa forma, os polímeros não modificados são fracamente ionizáveis, ao passo que os sais de poliacrilato são fortemente ionizáveis em meio alcalino, daí a facilidade de acertar a sua carga iônica mediante copolimerização adequada. A copolimerização pode modificar o caráter iônico do polímero, tornando-o inclusive anfótero.

O monômero da poliacrilamida é altamente tóxico e está sempre presente em pequenas quantidades, exigindo, portanto, cuidados especiais no manuseio do material sedimentado.

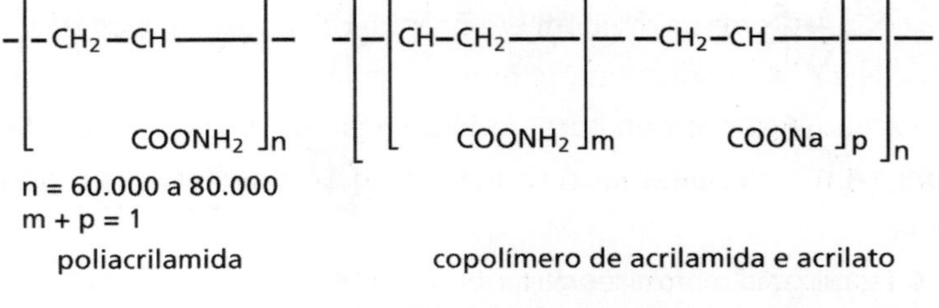

$$-\left[-CH_2-CH-\right]- \quad -\left[-\left[CH-CH_2-\right]--CH_2-CH-\right]-$$
$$\qquad COONH_2 \quad \rfloor_n \qquad\qquad COONH_2 \rfloor_m \qquad COONa \rfloor_p \rfloor_n$$

n = 60.000 a 80.000
m + p = 1
poliacrilamida   copolímero de acrilamida e acrilato

Fig. 4.5 Fórmula estrutural da poliacrilamida e do copolímero de acrilamida e acrilato

Outro floculante de enorme importância é o polioxietileno (Zatko, 1980; Brooks et al., 1986). Ele é produzido a partir do óxido de etileno, mediante a reação com a água e subsequente polimerização. A estrutura do polímero pode ser modificada por meio da adição criteriosa de radicais orgânicos (Fig. 4.6).

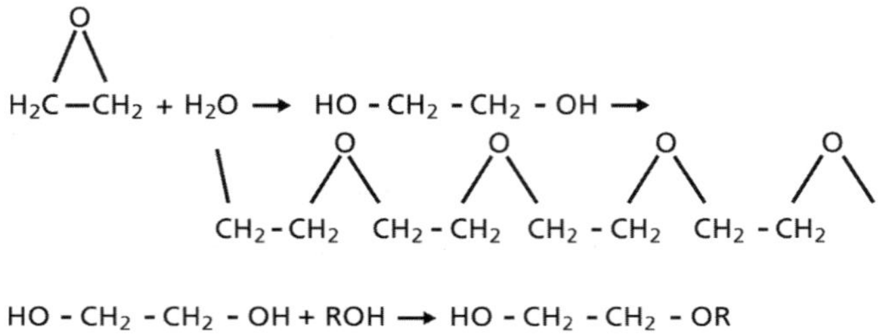

$$H_2C-CH_2 \text{ (epóxido)} + H_2O \longrightarrow HO-CH_2-CH_2-OH \longrightarrow$$

$$HO-CH_2-CH_2-OH + ROH \longrightarrow HO-CH_2-CH_2-OR$$

Fig. 4.6 Reação de polimerização do polioxietileno

A marca Ucarfloc, suprida pela Union Carbide, tem revelado resultados surpreendentes no espessamento de rejeitos de beneficiamento.

Para formar floculantes catiônicos é feita a copolimerização com grupos carregados positivamente, como amina, imina ou amônia quaternária. Esses copolímeros têm uma vantagem única: tanto os polímeros de cadeia longa como os polímeros de cadeia curta funcionam efetivamente como floculantes. Isso decorre do fato de a maioria das espécies minerais ter cargas negativas na superfície, de modo que esses reagentes podem atuar tanto por neutralização de cargas como por formação de pontes.

Krishnan e Attia (1988) discutem em detalhe as propriedades e características mais importantes dos reagentes utilizados industrialmente. Para isso, os autores os dividem em naturais e sintéticos, e os reagentes sintéticos são divididos em catiônicos e não iônicos. Recomendamos essa obra ao leitor mais interessado na ação química dos floculantes e salientamos que dela foi retirado muito do que será discutido em seguida.

Os amidos são hidratos de carbono e têm fórmula mínima $C_6H_{10}O_5$. Eles podem ser obtidos a partir de vários vegetais: milho, mandioca, batata (25% de amido e 75% de água), arroz e trigo (>70% de amido). No Brasil, usa-se o amido de milho, que é naturalmente eletronegativo, mas pode ser tratado de modo a modificar as suas cargas superficiais.

Os polímeros podem ser a amilose (que constitui o cerne dos grãos), uma molécula linear com 200 a 1.000 unidades de glucopiranose, ou a amilopectina (a casca dos grãos), com uma estrutura ramificada, contendo 1.500 ou mais unidades de glucopiranose. O peso molecular dessas macromoléculas varia de 50.000 a vários milhões, pois essas moléculas, em solução aquosa, podem se reunir umas às outras através de pontes de hidrogênio, principalmente através das hidroxilas do anel piranose. O peso molecular médio é aproximadamente 345.000 (Hadzeriga; Giannini, 1998).

Existem vários produtos que são amidos modificados, como o carboximetilamido ou o carboxietilamido.

Embora o uso dos produtos industrializados seja generalizado, o Prof. Antonio E. C. Peres demonstrou a viabilidade industrial do uso da canjiquinha (produto menos nobre da industrialização do milho) tanto como floculante quanto como depressor da flotação. O uso desse material alternativo, de preço muito inferior, é hoje uma realidade industrial. No início dos anos 1970, o Prof. Paulo Abib Andery havia utilizado também, com sucesso, amido de mandioca.

Galactomannans são polissacarídeos ramificados, compostos de D-galactose de D-manose e obtidos das sementes de algumas leguminosas, como o feijão guar. O endosperma das sementes é separado, moído e dispersado em água, quando então passa a atuar como floculante. A composição básica da molécula pode ser modificada, de modo a fornecer vários derivados (hidroxipropil, hidroxietil, carboximetil, metil-hidroxipropil e guar catiônico).

A celulose é a substância estrutural dos vegetais superiores. A fibra do algodão contém 85%-90% de celulose e 6%-8% de água; madeira de pinho contém 50% de celulose. É um carboidrato polidisperso, de alto peso molecular, formado de cadeias longas de D-glucose ligadas através dos grupos beta 1-4 glucosídeo. Seu derivado mais importante é a carboximetilcelulose (CMC).

Os polímeros não iônicos têm menor importância na indústria mineral e são principalmente polióis, poliéteres e polimidas, polimerizados.

4.3 Auxiliares de filtragem

São reagentes que aumentam a velocidade de filtragem ou de centrifugação, seja pela diminuição da tensão superficial da água, seja por funcionarem como floculantes, aumentando a permeabilidade da torta.

Ao se utilizar um polímero orgânico na filtragem, o objetivo fundamental é obter uma polpa que forme torta com estrutura aberta, sem finos livres que possam colmatar os poros da torta ou as aberturas da tela.

Pode parecer paradoxal, mas os melhores floculantes para o espessamento não são bons para a filtragem. Isso porque flocos soltos sedimentam mais rapidamente, porém, na filtragem, aprisionam água em seu interior, fazendo com que a torta fique muito úmida. Na filtragem, um bom floculante deve fornecer flocos pequenos, fortes e de mesmo tamanho (Krishnan; Attia, 1988).

Na centrifugação, valem as mesmas considerações, exigindo-se ainda que o floco, uma vez formado, resista às intensas solicitações (tensões de cisalhamento) que ocorrem junto ao cesto. Em razão disso, poucos reagentes são adequados, e o seu uso é limitado. King (1980) relata sucesso com polímeros de elevado peso molecular (superior a 10.000.000), com carga iônica moderada, em adições da ordem de 500 g/t; o floco deve resistir mesmo que seja cortado pelo cisalhamento – nesse caso, a água entranhada nele é libertada e derramada.

Leal Filho (1995) e Chaves e Leal Filho (1995) realizaram extensos estudos sobre o assunto, inclusive com o uso de polímeros no desaguamento em pilhas. Eles puderam comprovar a ação de cada um desses mecanismos descritos e também o efeito dos tensoativos. Os melhores resultados (com concentrados de ferro e de bauxita) foram obtidos com reagentes especialmente preparados para esse uso pela Hoechst (atual Clariant), os quais, além das propriedades tensoativas, agiam como surfactantes, isto é, tornavam a superfície do concentrado repelente à água.

4.4 Preparação, dosagem e adição de reagentes

O consumo de floculantes, quando comparado a outros reagentes de mineração, é pequeno – geralmente de 50 a 100 g/t. Por isso, as compras são feitas em quantidades que suprem as necessidades da operação por períodos longos – os lotes cuja aquisição se torna econômica em função dos custos de aquisição, transporte etc., e também em função da economia de escala do processo produtivo do fabricante. Em consequência, a estocagem dos floculantes exige cuidados essenciais, pois, em grande parte, trata-se de reagentes orgânicos perecíveis e que exigem precauções especiais de armazenamento. É sempre bom ter a orientação do fabricante para as exigências de estocagem do seu produto.

A prática usual de adição ao circuito industrial é preparar uma solução-mãe, suficiente para um dia de trabalho, ou então para um turno. Essa solução é aquela que permite a dissolução total do reagente, sem excesso de água, numa forma que permita manuseá-la com facilidade e, ainda, sem que o seu volume constitua um problema de estocagem ou manuseio.

Essa solução é diluída até o nível conveniente para ser dosada e adicionada ao circuito – geralmente uma diluição bastante grande para permitir que o produto químico escoe com facilidade e se distribua em todo o volume, e não apenas em alguns pontos localizados.

Como regra de projeto, prepara-se a solução-mãe em tanques ao rés do chão e faz-se o seu bombeamento para um nível mais alto, onde ela será diluída, dosada e adicionada. Desse nível mais alto, ela desce por gravidade, não sendo necessário mais nenhum outro bombeamento adicional. Esse critério de preparar a solução no nível mais baixo da usina é muito importante também porque, em caso de derramamento, ela poderá ser rapidamente drenada para fora da usina, e não existe nenhum risco de ser derramado sobre algum equipamento ou minério em processamento ou sobre algum operador.

Essas soluções, quando derramadas, tornam o piso muito escorregadio, o que pode causar acidentes. Duas providências de bom projeto são, então, necessárias: a primeira é fazer o piso de acabamento áspero, para melhorar a aderência dos calçados. A segunda é dar-lhe uma inclinação grande (2%-3%), de modo que seja fácil lavá-lo com jatos de água de alta pressão, apesar do acabamento áspero.

A preparação da solução-mãe é feita em bateladas, e são necessários tanques e agitadores adequados. É importante ressaltar, mais uma vez, que agitadores de hélices podem ser contraindicados para polímeros de cadeias longas, pois a passagem da lâmina da hélice pode cortar a cadeia.

Do tanque da solução-mãe, esta é bombeada para o tanque de diluição, de maneira contínua, através de bombas dosadoras. Nesses tanques, a solução é diluída até a composição conveniente e, então, encaminhada ao local de adição. Para a dosagem, usam-se bombas de diafragma, bombas peristálticas, dosadores de caneca, bombas de êmbolo etc., conforme seja mais conveniente, em função das características de viscosidade e corrosividade da solução e também das vazões a serem manipuladas.

Para que o mecanismo descrito para a floculação seja bem-sucedido, deve ocorrer a conjunção de uma série de fatores:
- ♦ cadeia suficientemente longa do polímero;
- ♦ afinidade do polímero com as espécies minerais das partículas;
- ♦ agitação suficientemente intensa para colocar polímero e partículas em contato;
- ♦ agitação suficientemente moderada para não prejudicar a floculação (se a agitação for intensa, as cadeias podem ser arrebentadas

ou o polímero pode chegar a enrolar a partícula, passando a atuar como um coloide protetor e, assim, impedindo de vez a floculação);
- nesse mesmo sentido, a dosagem do polímero na solução é crítica: acima de um certo valor, ela passará a agir como um coloide protetor;
- o inverso se aplica para a diluição excessiva, ou seja, se isso acontecer, a adição pode tornar-se inócua.

O efeito do pH também tem que ser considerado com cuidado: além de afetar a carga superficial das partículas, ele afeta a ionização dos polímeros. É, pois, necessário conhecer a faixa de ionização do floculante e trabalhar dentro dela.

Muitas vezes, com partículas muito finas, a densidade de carga superficial é muito grande e a partícula repele o polímero aniônico. Nesses casos, torna-se necessário tratá-lo previamente com um polímero catiônico ou com um eletrólito forte para abaixar a densidade de carga superficial e iniciar a floculação. O tratamento subsequente com um polímero aniônico resulta em rápida sedimentação e sobrenadante limpo.

King (1980) discute o uso de floculantes na operação, salientando os seguintes aspectos:
- a floculação exige controle cuidadoso e deve ser completa, sob pena de os resultados do espessamento serem inferiores ao esperado;
- floculantes muitas vezes são usados para dar a clarificação desejada. Em geral, supõe-se que uma boa clarificação dependa apenas de se dispor de área suficiente. Na realidade, este é apenas um dentre os muitos requisitos necessários, e raramente a velocidade de sedimentação das partículas ultrafinas é o parâmetro que controla o processo. Usualmente o processo de clarificação é controlado pelo tempo de coagulação, pelo tempo de floculação ou por um compromisso entre ambos;
- quando se usam floculantes, é necessário dispersá-los adequadamente para que possam trabalhar;

♦ a mistura deve ser rápida e eficiente para os polímeros orgânicos. Muitas vezes, a polpa é diluída demais para que os flocos possam crescer até um tamanho adequado. Recomenda-se, então, recircular parte dos sólidos até atingir a concentração necessária.

Os polímeros comerciais são fornecidos em várias formas: pó seco, grânulos, esferas, soluções aquosas, géis e emulsões. Além disso, um mesmo produto pode ser fornecido com diferentes comprimentos de cadeia ou diferentes distribuições de carga. É muito conveniente manusear soluções aquosas de floculantes; os reagentes de baixo peso molecular (<500.000) são comercializados dessa forma. Conforme aumenta o peso molecular, aumenta a viscosidade, e a diluição tem de ser aumentada. Por isso, os polímeros de peso molecular muito grande têm de ser comercializados como pós secos ou como emulsões água-óleo.

O peso molecular reportado pelo fabricante é uma média, e nada é informado sobre a sua distribuição. Por isso, ocasionalmente se obtêm resultados diferentes na substituição de um reagente por outro de mesma natureza e mesmo peso molecular.

Um fator cuja importância não pode ser jamais minorada em Tratamento de Minérios é a qualidade da água: a presença de sais em solução pode fazer com que grande parte das posições eletricamente ativas da cadeia molecular sejam neutralizadas, reduzindo, assim, a eficiência do floculante. Em lugares onde ocorrem variações sazonais significativas, como em regiões de menor precipitação, essa variação torna-se especialmente incômoda. A recirculação da água de processo, cada vez mais intensa em decorrência das pressões ambientais, tende a agravar esse problema.

Referências bibliográficas

BROOKS, D. R.; SCHEINER, B. J.; SMELLEY, A. G.; BOYLE Jr., J. R. *Large-scale dewatering of phosphate clay waste from Polk county, FL*. RI 9061. USBM, 1986.

CHAVES, A. P.; LEAL FILHO, L. S. The use of chemicals to improve dewatering of ore concentrates. In: SYMPOSIUM ENTWA'SSERUNG FEINSTKORNIGER FESTSTOFFE, Aachen, 1995. Aachen: RWTH Aachen/TH Karlsruhe, 1995. (Paper 19).

HADZERIGA, P.; GIANNINI, R. A. Amidos como reagentes na indústria mineral. Pequena revisão. In: ENCONTRO NACIONAL DE TRATAMENTO DE MINÉRIOS E HIDROMETALURGIA, 13. Anais... São Paulo, 1998. p. 1031--1046.

KING, D. L. Thickeners. In: MULLAR, A. L.; BHAPPU, R. B. (Ed.). *Mineral processing plant design*. New York: AIME, 1980. p. 541-577.

KRISHNAN, S. Y.; ATTIA, Y. A. Polymeric flocculants. In: SOMASUNDARAN, P.; MOUDGIL, B. M. (Ed.). *Reagents in mineral technology*. New York: Dekker, 1988. p. 485-518.

LEAL FILHO, L. S. Research on tailor-made reagents: the Brazilian experience. In: SWEDISH-BRAZILIAN WORKSHOP ON MINERAL TECHNOLOGY, 2., Sala, 1995. *Swedish and Brazilian contribution to the workshop*. Brasília: CNPq/CETEM, 1995. p. 63-77.

LEWELLYN, M. E.; AVOTINS, P. V. Dewatering/filter Aids. In: SOMASUNDARAN, P.; MOUDGIL, B. M. (Ed.). *Reagents in mineral technology*. New York: Dekker, 1988. p. 559-578.

PERES, A. E. C.; COELHO, E. M.; ARAÚJO, A. C. Flotação, espessamento, filtragem, deslamagem e floculação seletiva. In: *In memoriam Professor Paulo Abib Andery*. Recife: ITEP, 1980. p. 243ss.

ZATKO, J. R. *An environmental evaluation of polietylene oxide when used as a flocculant for clay wastes*. RI 8438. USBM, 1980.

5
Aspectos teóricos de filtragem e desaguamento

Laurindo de Salles Leal Filho
Arthur Pinto Chaves
Luís Gustavo Esteves Pereira

Como já mencionamos anteriormente, os fenômenos envolvidos no desaguamento e na filtragem são complexos demais para poderem ser satisfatoriamente quantificados por qualquer tratamento teórico. Em razão disso, faremos uma revisão sucinta e não exaustiva dos aspectos principais envolvidos. O objetivo é apenas prover o ferramental de raciocínio necessário para uma melhor compreensão do processo.

Stroh e Stahl (1991) descreveram uma torta de filtragem ou um leito de partículas em uma pilha, ou, ainda, o leito de partículas numa cesta de centrífuga, como um conjunto de partículas mais outro conjunto de canais capilares entre elas (Fig. 5.1). Tanto as partículas como os canais têm diâmetros variados.

Quando um líquido percola esse leito, seu movimento é afetado por diferentes parâmetros, notadamente pela porosidade do leito – que depende do tamanho e da distribuição granulométrica das partículas – da viscosidade do líquido e dos efeitos capilares.

Fig. 5.1 Modelo de um leito de partículas

Em princípio, o desaguamento de um minério granulado por ação da gravidade pode ser auxiliado por diferentes tipos de produtos químicos:

- tensoativos reduzem a tensão superficial ou a viscosidade da água contida entre as partículas, permitindo o seu escoamento mais fácil;

- hidrofobantes tornam a superfície dos grãos de minério repelentes à água, permitindo que a superfície fique mais seca;
- floculantes e coagulantes agregam às partículas maiores os finos e ultrafinos, liberando os vazios intersticiais entre as partículas e impedindo a colmatação dos canais por onde a água pode escoar;
- dispersantes dispersam os mesmos finos e ultrafinos na água, causando efeito semelhante ao dos produtos do grupo anterior.

A experiência tem demonstrado que a ação dos diferentes reagentes é específica para cada minério, podendo mesmo variar com material de diferentes pontos da jazida. Demonstra também que a mistura criteriosa de diferentes produtos pode ter um efeito muito mais significativo que o de reagentes individuais, e, ainda, que os fenômenos envolvidos no desaguamento e na filtragem são complexos demais para poderem ser satisfatoriamente quantificados por algum tratamento teórico. É, portanto, necessário testar esses produtos e suas misturas primeiramente em laboratório e, depois, em ensaios industriais controlados.

O comportamento é diferente conforme o leito esteja saturado de água ou não. A Fig. 5.2 mostra o comportamento de um leito de partículas que é desaguado a partir de uma situação de total saturação, mediante a aplicação de uma pressão sobre o leito.

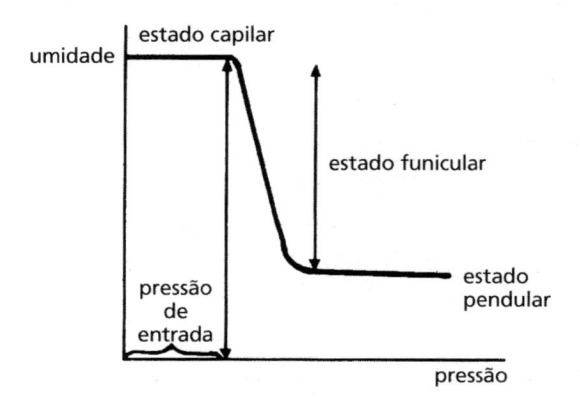

Fig. 5.2 Representação dos três estados da umidade segundo Nicol (1976)

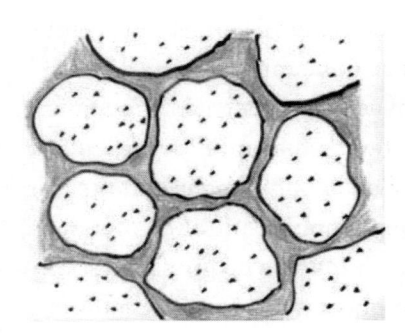

Fig. 5.3 Estado capilar

No começo do processo, todos os capilares estão cheios de água (o leito está encharcado). Essa situação é chamada de estado capilar (Fig. 5.3). Conforme o líquido escoa, o leito ainda tem uma quantidade considerável de água, mas já não está mais encharcado. Por fim, atinge-se uma situação em que não há mais líquido suficiente para formar um filme contínuo; quantidades discretas de água permanecem em alguns locais onde o diâmetro dos canais é menor, situação referida como estado funicular (Nicol, 1976) (Fig. 5.4).

Se a diferença de pressão for aumentada ainda mais, toda a água acabará por ser removida, exceto as moléculas de água adsorvidas (física ou quimicamente) na superfície das partículas sólidas, o que se chama estado pendular (Fig. 5.5).

Essa situação significa que existe um limite para a remoção mecânica de umidade de um leito sólido. Remoção adicional de água exigirá o uso da secagem. Mais importante ainda: essa água remanescente não é mais uma fase líquida, mas está em estado sólido – água de solvatação, cobrindo a superfície das partículas. Esse estado é referido na literatura como estado pendular.

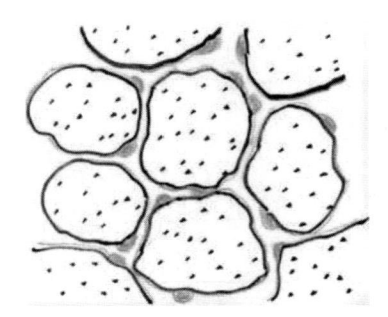

Fig. 5.4 Estado funicular

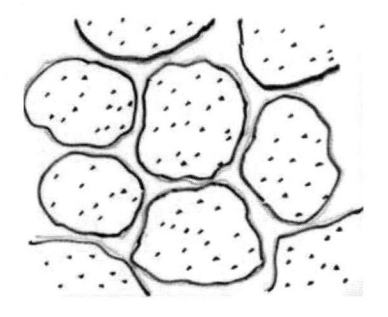

Fig. 5.5 Estado pendular

5 Aspectos teóricos de filtragem e desaguamento 233

5.1 Aspectos fluidodinâmicos

A primeira avaliação quantitativa do fenômeno foi dada por Darcy (Coulson; Richardson, 1954; Clement; Bonjer, 1975):

$$\text{fluxo através do leito} = \frac{B}{\mu} \times \frac{\Delta p}{L} \quad \textbf{(5.1)}$$

onde:
B é a permeabilidade do leito;
Δp é a diferença de pressão através do leito;
μ é a viscosidade do líquido;
L é a espessura do leito.

Para escoamento laminar, a permeabilidade do leito pode ser expressa pela equação de Kozeny:

$$B = \frac{1}{k} \cdot \frac{\varepsilon^3}{s^2(1-\varepsilon)^2} \quad \textbf{(5.2)}$$

onde:
ε é o índice de vazios no leito (relação entre o volume de vazios e o volume do leito). Por sua vez, $(1-\varepsilon)$ é a relação entre o volume das partículas e o volume do leito (o complemento de ε);
k é uma constante, função da porosidade, forma das partículas, orientação das partículas no leito e distribuição granulométrica;
s é a área específica.

Ao juntar-se as duas equações, chega-se a:

$$\text{escoamento através do leito} = \frac{1}{k\mu s^2} \times \frac{\varepsilon^3}{(1-\varepsilon)^2} \times \frac{\Delta p}{L} \quad \textbf{(5.3)}$$

O exame dessa equação leva às seguintes conclusões:
1 aumentando o diferencial de pressão através do leito (vácuo de um lado, pressão do outro lado, ou então, ambas as ações combinadas), aumenta o escoamento através do leito;
2 diminuindo a espessura do leito, aumenta o escoamento através dele;
3 diminuindo a viscosidade do líquido, aumenta o escoamento através do leito;

4 diminuindo a área específica das partículas do leito, aumenta o escoamento através dele;
5 aumentando o índice de vazios (ou diminuindo o índice de sólidos) do leito, aumenta o escoamento.

Em outras palavras: a velocidade de desaguamento depende da diferença de pressão através do leito e da resistência que este oferece ao escoamento. Essa resistência cresce quando o comprimento dos canais capilares a serem percorridos aumenta, ou quando o diâmetro desses canais diminui, ou, ainda, quando ocorre a colmatação do leito. Usualmente os problemas de desaguamento são mais notórios quando existem muitos finos no material que constitui o leito, os quais são capazes de bloquear os canais capilares ou de aumentar a área de superfície do sistema.

Os teóricos da filtragem preferem descrever o mesmo comportamento a partir da equação de Poiseuille adaptada (forma diferencial):

$$\text{fluxo através do leito} = \frac{\Delta p}{\mu[\alpha(W/A) + r]} \quad (5.4)$$

onde:

o fluxo é referido à unidade de área;

$\mathcal{D}$ é a resistência específica do meio filtrante (tela e suporte);

W é a massa de sólidos (secos) da torta;

r é a resistência do meio filtrante;

[$\mathcal{D}$ (W/A) + r] exprime a soma das resistências da torta e do meio filtrante.

Quando se admite que a torta é incompressível, essa equação torna-se:

$$\text{fluxo através do leito} = \frac{\text{área} \cdot \Delta p}{\mu \alpha'(W/A)} \quad (5.5)$$

onde $\mathcal{D}$ é uma constante, função principalmente do tamanho das partículas.

A velocidade do escoamento de líquido é, portanto, diretamente proporcional à área de filtragem e à pressão aplicada, e inversamente proporcional à viscosidade do líquido e à quantidade de massa na torta.

5 Aspectos teóricos de filtragem e desaguamento   235

Ao integrar-se essas equações, chega-se a relações que expressam o fato de que o volume de filtrado é diretamente proporcional ao quadrado da área de filtragem e inversamente proporcional à massa da torta e ao quadrado da espessura da torta.

Esse tratamento não consegue considerar independentemente o efeito da tela. Recomenda-se usar um tecido tão aberto quanto possível para reduzir o entupimento, mas tão fechado quanto possível para evitar a passagem das partículas mais finas.

A temperatura não é mencionada nas equações; porém, como a viscosidade é função dela, quando o líquido é a água e a temperatura sobe de 20 para 60°C, a vazão dobra. A distribuição granulométrica também não entra no tratamento: diminuindo o tamanho das partículas, diminui o fluxo de filtrado e aumenta a umidade da torta.

5.2 Fenômenos de superfície

Quando os interstícios entre as partículas estão cheios de água, os fenômenos capilares têm lugar. Isso quer dizer que os canais dentro do leito comportam-se como capilares, e a equação da pressão capilar (equação de Kelvin) pode ser aplicada:

$$\text{pressão capilar} = \gamma \cos \theta \frac{(1-\varepsilon)}{\varepsilon} \quad \text{(5.6)}$$

onde γ é a tensão superficial e θ é o ângulo de contato.

Para diminuir a pressão capilar e, dessa forma, facilitar o escoamento, é possível diminuir a tensão superficial, o cos θ, o índice de sólidos, e aumentar o índice de vazios.

Essa pressão capilar tende a manter o líquido preso dentro do leito. Se a diferença de pressão através do líquido é maior que a pressão capilar, o escoamento líquido começa. O valor da pressão necessária para iniciar o processo é chamado pressão de entrada (P_e - ver Fig. 5.2) (Nicol, 1976; Nicol; Day; Swanson, 1980). É óbvio que os primeiros capilares a drenar são os de maior diâmetro; seguem-se os de diâmetros sequencialmente decrescentes.

Na equação de Kelvin, o ângulo de contato θ é o ângulo que o menisco do líquido faz com o capilar, como mostrado na Fig. 5.6. Como, no caso do leito poroso, a parede do capilar é de minério, esse é o mesmo ângulo que nos interessa na Físico-química de Superfícies.

5.3 Ação dos produtos químicos

Em geral, a remoção da água capilar é fácil. Ela pode tornar-se difícil se os diâmetros dos capilares forem pequenos. O modo de enfrentar o problema pode ser deduzido a partir da expressão da pressão capilar. A primeira ideia é diminuir o valor da pressão de entrada, o que pode ser conseguido com a diminuição da tensão superficial do líquido a ser drenado. O aquecimento da água mediante a injeção de vapor superaquecido, nos instantes finais do ciclo de filtragem, foi usado, no passado, para minérios de ferro. O uso de tensoativos é outra maneira de fazê-lo.

Quando, na torta, existem finos que colmatam os canais, é necessário agregá-los às partículas maiores, de modo a retirá-los do percurso da água. Isso pode ser feito com coagulantes e parece ser efetivo na remoção tanto da água capilar como da água funicular. O uso de floculantes também resulta na diminuição da área de superfície.

Permanece, porém, o problema da água pendular. Como se trata de água adsorvida na superfície das partículas, as condições para uma remoção bem-sucedida dependerão de se conseguir mudar as propriedades dessas superfícies. Isso pode ser obtido pela introdução de surfactantes que tornem essas partículas hidrofóbicas, isto é, repelentes à água.

O potencial para o uso desses produtos, porém, é maior, pois eles passarão a competir com a água pela superfície das partículas, isto é, conforme forem adsorvidos, expulsarão a água da superfície. Isso implica que:

1. existe potencial para reduzir a umidade abaixo do valor correspondente ao estado pendular, por meios exclusivamente mecânicos;

2 se o surfactante adsorve na superfície das partículas e as torna hidrofóbicas, ele as previne contra um molhamento ulterior.

Silverblatt e Dahlstrom (1954) fizeram as primeiras tentativas nesse sentido, procurando desaguar tortas problemáticas de carvão americano fino via filtragem a vácuo. Eles usaram produtos químicos para mudar a viscosidade e a tensão superficial da água e concluíram que a redução de viscosidade fora mais efetiva.

Nicol (1976) estudou o efeito de floculantes nas razões de espessamento e de filtragem, e o efeito de tensoativos na umidade final de tortas de carvão. Os floculantes levaram a razões de espessamento excelentes, a razões de filtragem mais baixas e a tortas mais úmidas.

Os surfactantes levaram a umidades finais menores, o que pode ser explicado pelo fato de os floculantes, por definição, terem um peso molecular elevado e um número grande de grupos polares por molécula de monômero. Os grupos polares orientam a molécula na direção da água e retêm moléculas desta, independentemente da presença de surfactantes. Os coagulantes agem sobre o potencial eletrocinético (potencial ζ) e fazem as partículas ficarem mais próximas umas das outras, obrigando a água a sair de entre elas. Os floculantes que fazem flocos soltos, com água aprisionada dentro, são efetivos no espessamento mas não na filtragem ou drenagem.

A compreensão global desse comportamento foi estabelecida por Stroh e Stahl (1991). Eles estudaram o mecanismo da ação de surfactantes sobre o desaguamento e como esses produtos contribuem para abaixar a umidade de tortas de filtragem. Eles estudaram diferentes álcoois sobre um leito de lascas de vidro e verificaram que a pressão de entrada dinâmica (depois que o escoamento da água começa) era muito próxima da pressão de entrada estática (antes do escoamento começar) quando a concentração dos surfactantes estava próxima da concentração micelar crítica (CMC). A explicação desse comportamento é que a superfície líquida dentro dos poros forma um menisco, e este aumenta durante o desaguamento, conforme mostrado na Fig. 5.6. Se não existem moléculas em número suficiente, o número de moléculas

concentração < CMC   concentração > CMC

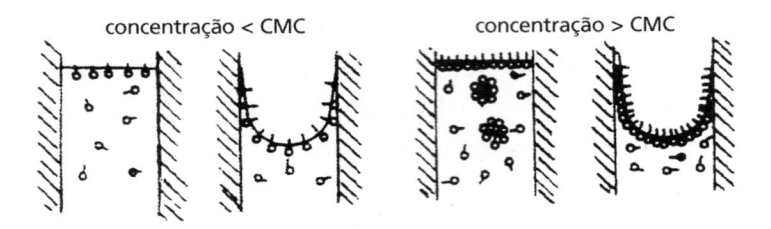

Fig. 5.6 Modelo de desaguamento de Stroh e Stahl

por unidade de área diminui, aumentando, assim, a tensão superficial dinâmica.

A diminuição da pressão capilar dinâmica para concentrações em torno da CMC pode ser explicada pela dissolução espontânea das micelas e a subsequente migração das moléculas na direção da superfície.

Trabalhando com tortas de carvão, os referidos autores verificaram que, para uma espessura de torta constante, o tempo de formação era sempre o mesmo, a despeito da adição de surfactantes. A umidade variou e mostrou uma redução significativa para concentrações em torno da CMC. A explicação proposta é mostrada na Fig. 5.7: em concentrações inferiores à CMC, a orientação das moléculas de surfactante seria como mostrado na Fig. 5.7A, com a porção polar voltada para a fase líquida. As cargas elétricas da porção polar retêm um número maior de moléculas de água. Acima da CMC, a orientação das moléculas seria conforme mostrado na Fig. 5.7B, com a porção molecular voltada para a fase líquida e, assim, tornando a superfície hidrofóbica.

Os autores deste capítulo se envolveram com o problema a partir de 1992, na ocasião de uma consulta da Ferrominera Orinoco, na

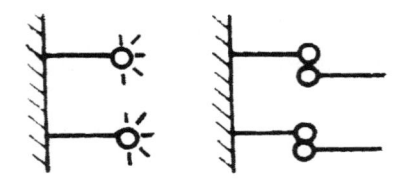

Fig. 5.7 Orientação dos dipolos em monocamadas e micelas

Venezuela. Em 1993, em conjunto com a subsidiária brasileira da Hoechst (atual Clariant), estudaram as possibilidades de redução da umidade do *sinter feed* de Carajás (PA). Em 1994, a partir do sucesso do trabalho anterior, fizeram trabalho análogo para a bauxita de Porto Trombetas (PA) (Pereira; Leal Filho; Chaves, 1994; Chaves; Leal Filho, 1995).

Para Carajás, a Hoechst desenvolveu sucessivamente 120 produtos, buscando o melhor resultado técnico e econômico. Os resultados finais de drenagem em pilha e durante o manuseio foram:

	Umidade final (%)		
	após drenagem	após 17 h na pilha	após 24 h na pilha
sem produto químico	12,0	8,9	7,0
TF-110 (ca. 100 g/t)	10,7	7,7	5,9

O aspecto mais interessante evidenciado no referido trabalho experimental foi o de que a ação hidrofóbica é tão efetiva que, após o desaguamento, se houver um novo encharcamento – por exemplo, por uma chuva –, a umidade final após a segunda drenagem pode ser menor que a anterior. Isso indica que água pendular adicional pode ser removida.

Para a bauxita, seguiu-se o mesmo procedimento de ir testando os produtos químicos e adaptando-os com base nos resultados experimentais. O interesse aqui era a filtragem das frações finas e superfinas (respectivamente –14 +150# e –150 +400#). Trinta e um produtos diferentes foram desenvolvidos e estudados. Em laboratório, obtiveram-se reduções de umidade de 18% para 13% e de 12% para 8,7%. Industrialmente, os resultados, embora satisfatórios, foram mais modestos: 17,6% para 13,6%, com um consumo de 150 g/t.

Referências bibliográficas

CHAVES, A. P.; LEAL FILHO, L. S. The use of chemicals to improve dewatering of ore concentrates. Paper 19. In: SYMPOSIUM ENTWASSERUNG FEINSTKORNIGER FESTOFFE, Aachen, 1995. Proceedings... Aachen: RWTH Aachen, 1995.

CLEMENT, M.; BONJER, J. Investigation on mineral surfaces for improving the dewatering of slimes with polymer flocculants. In: INTERNATIONAL MINERAL PROCESSING CONGRESS, 11, Cagliari, 1975. Proceedings – Cagliari: Instituto di Arte Mineraria, 1975. p. 271-295.

COULSON, J. M.; RICHARDSON, J. F. Flow of fluids through granular beds and pocked columns. Chemical engineering. New York: McGraw-Hill, 1954. p. 387-413.

NICOL, S. K. The effect of surfactants on the dewatering of fine coal. Proceedings - Australasian Institute of Mining and Metallurgy, n. 260, p. 37-44, Dec. 1976.

NICOL, S. K.; DAY, J. C.; SWANSON, A. R. Oil assisted dewatering of fine coal. In: INTERNATIONAL SYMPOSIUM ON FINE PARTICLES PROCESSING, Las Vegas, 1980. Proceedings... New York: Time, 1980. v. 2. ch. 83. p. 1661-1675.

PEREIRA, L. G. E.; LEAL FILHO, L. S.; CHAVES, A. P. Análise da viabilidade técnica da redução da umidade da bauxita da MRN via surfactantes. In: CONGRESSO ITALO-BRASILIANO D'INGEGNERIA MINERARIA, 3., Verona, 1994. Annals... Cagliari: Associazione Nazionale dei Ingegneri Minerari, 1994. p. 231-237.

SILVERBLATT, C. E.; DAHLSTROM, D. A. Moisture content of a fine--coal filter cake: effect of viscosity and surface tension. Industrial and Engineering Chemistry, v. 46, n. 6, p. 1201-1207, Jun. 1954.

STROH, G.; STAHL, W. Basicals of surfactant aided dewatering in mineral processing. In: INTERNATIONAL MINERAL PROCESSING CONGRESS, 17, Dresden, 1991. Preprints. Freiberg: Polygraphischer Bereich, 1991. v. 3, p. 287-300.